南四湖流域水资源供需格局与对策研究

董　洁　刁艳芳　张庆华　闫方阶　刘友春　著

黄河水利出版社

·郑州·

内 容 提 要

本书分析了山东省南四湖流域水资源供需格局,研究了提高流域水资源调控能力的途径。主要内容包括南四湖流域概况、流域供水与用水现状分析、流域水资源调查评价、需水量预测、流域水资源供需平衡分析、流域水资源供需格局分析、流域水资源调控能力的提高途径等。

本书可作为教学、科研及工程技术人员水资源管理、规划设计、科学研究的参考用书。

图书在版编目(CIP)数据

南四湖流域水资源供需格局与对策研究/董洁等著. —郑州:黄河水利出版社,2015.4
ISBN 978 - 7 - 5509 - 1119 - 2

Ⅰ.①南… Ⅱ.①董… Ⅲ.①南四湖 - 流域 - 水资源 - 供需平衡 - 研究 ②南四湖 - 流域 - 水资源管理 - 研究 Ⅳ.①TV213.4

中国版本图书馆 CIP 数据核字(2015)第 085953 号

组稿编辑:李洪良 电话:0371 - 66026352 E-mail:hongliang0013@163.com

出 版 社:黄河水利出版社
地址:河南省郑州市顺河路黄委会综合楼 14 层 邮政编码:450003
发行单位:黄河水利出版社
发行部电话:0371 - 66026940、66020550、66028024、66022620(传真)
E-mail:hhslcbs@ 126. com
承印单位:河南省瑞光印务股份有限公司
开本:787 mm×1 092 mm 1/16
印张:12.75
字数:295 千字 印数:1—1 000
版次:2015 年 4 月第 1 版 印次:2015 年 4 月第 1 次印刷
定价:48.00 元

前　言

　　南四湖流域位于山东省的西南部,属于淮河流域泗河水系,流域总面积约 3.17 万 km²,包括山东、江苏、河南、安徽四省 33 个县(市、区),其中山东省包括济宁市、枣庄市、菏泽市及泰安市,共 27 个县(市、区),流域面积占总流域的 85.41%。南四湖流域是我国重要的粮棉生产基地和能源基地之一,同时也是山东省最大的淡水鱼养殖基地。流域内分布着造纸、电力、化工、食品、煤炭开采、酿造等工业项目,在我国经济社会发展中具有较为重要的地位。

　　南四湖流域水资源总量 60.74 亿 m³(1956～2010 年),人均水资源占有量不足 300 m³,亩均水资源占有量不足 250 m³,属于资源性严重缺水地区。自 20 世纪 80 年代以来,南四湖发生了 5 次干湖事件,特别是 2002 年的湖泊干涸,给南四湖沿湖供水,尤其是湖区生态系统造成了致命打击。2013 年 10 月南水北调东线工程实现通水后,南四湖流域具有地表、地下、引黄、引江等多种水源,以及农业、工业、生活、生态等多个用水户,是一个典型的多水源多用户的复杂水资源系统。因此,摸清南四湖流域水资源的供需格局,研究多水源多用户的水资源优化配置,提高流域水资源调控能力十分必要。

　　"考虑南水北调的南四湖多水源配置与调控技术"(项目编号:201201022),是 2011 年 12 月批准的水利部公益性行业科研专项经费项目。作者承担了项目子课题"南四湖流域水资源调控能力提高的可行途径分析"研究任务,本书是依据该子课题的研究成果整理而成的。书中主要分析了山东省南四湖流域水资源供需格局,研究了提高流域水资源调控能力的途径。

　　本书由山东农业大学董洁、刁艳芳、张庆华,山东省淮河流域水利管理局规划设计院闫方阶、刘友春撰写,其中董洁撰写第 5～7 章,刁艳芳撰写第 4、6 章,张庆华撰写第 3、8 章,闫方阶撰写第 1、7 章,刘友春撰写第 2、8 章。参加本课题研究的还有山东省淮河流域水利管理局规划设计院的姜尚堃、冯江波等,菏泽市、泰安市、济宁市、枣庄市水资源管理办公室等单位为课题研究提供了大量的资料,在此一并表示感谢。

　　本书由水利部公益性行业科研专项经费项目(项目编号:201201022)资助出版。在本书成稿之际,向所有为本课题研究及本书出版提供支持和帮助的同仁表示衷心感谢。同时,受学识视野和水平所限,书中难免有疏漏和不妥之处,敬请同行、专家批评指证。

作　者

2014 年 12 月 30 日

目　录

第 1 章　流域概况

1.1　自然地理概况

1.1.1　地理位置与行政区划

南四湖流域位于山东省西南部,北起大汶河左岸,南至废黄河南堤,东以泰沂山脉的尼山为分水岭,西至黄河右堤。南四湖流域属于淮河流域泗河水系,总流域面积约 3.17 万 km²,包括山东、江苏、河南、安徽四省 33 个县(市、区),其中山东省包括济宁市、枣庄市、菏泽市及泰安市,共 27 个县(市、区)。南四湖流域行政区划见图 1-1、表 1-1。

表 1-1　南四湖流域行政区划一览

省份	地区名称	县(市、区)数	县(市、区)名称	流域面积(km²)
山东省	济宁市	12	市中区、任城区、曲阜市、兖州市、邹城市、微山县、鱼台县、金乡县、嘉祥县、汶上县、泗水县、梁山县	11 217
	枣庄市	3	薛城区、山亭区、滕州市	3 010
	菏泽市	9	牡丹区、曹县、定陶县、成武县、单县、巨野县、郓城县、鄄城县、东明县	11 747
	泰安市	3	宁阳县、东平县、新泰市	1 102
江苏省	徐州市	3	丰县、沛县、铜山县	3 393
河南省	开封市	1	兰考县	461
	商丘市	1	民权县	587
安徽省	宿州市	1	砀山	182

南四湖是南阳、独山、昭阳、微山四湖的总称,位于流域的中南部,南四湖湖区南北长 125 km,东西宽 6～25 km,周边长 311 km,湖泊面积 1 266 km²,最大防洪库容 43 多亿 m³,为全国第六大淡水湖泊、我国北方最大的淡水湖泊。

新中国成立后,为了防治洪水灾害和综合利用南四湖的水资源,修筑了湖西堤、部分湖东大堤,建成了二级坝和韩庄水利枢纽。南四湖分为上下两级湖,其中上级湖占全湖面积的 47.5%,承担着 88.4% 流域面积的来水;下级湖占全湖面积的 52.5%,仅承担 11.6% 流域面积的来水,因此上级湖的防洪任务十分艰巨。南四湖有四个泄洪出口,分别为伊家河节制闸、韩庄中运河节制闸、老运河节制闸和江苏的不牢河蔺家坝闸。南四湖具有防洪排涝、蓄水兴利、水产养殖、通航旅游等多种功能。此外,南四湖还是国家南水北调东线工程的必经之地。

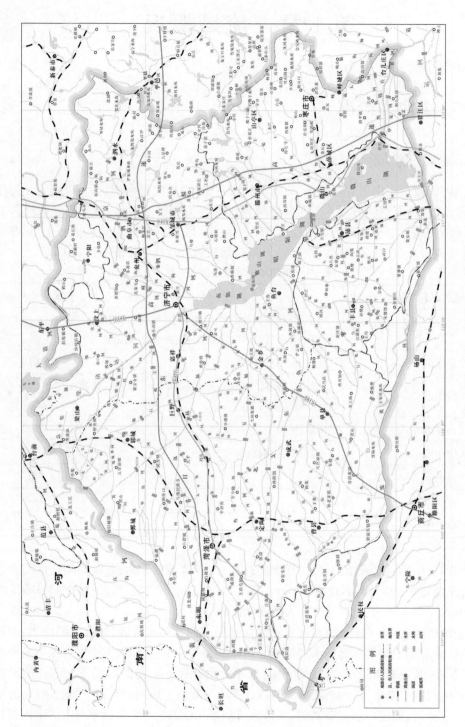

图 1-1　南四湖流域行政区划与水系

1.1.2　地形地貌

南四湖流域以孙氏店断裂和南四湖一线为界分为两大地貌单元。以东为鲁中南低山丘陵和山前冲洪积平原。地势东高西低,由东北向沿湖方向倾斜,河道短,洪水峰高流急;以西为黄河冲积平原区,地势平缓,河道宽浅,洪水量大,峰低。

南四湖湖区位于黄河冲积扇与湖东诸多山前洪积、冲积扇交汇的狭长地带,受两侧地形的控制,南北狭长,形如长带,由西北向东南延伸。南四湖为浅水型平原湖泊,湖盆较浅,北高南低。湖腰最窄处(昭阳湖中部)的二级坝枢纽将南四湖一分为二,坝北(坝上)为上级湖,湖底高程 31.5 m,湖岸高程 35.5 m,面积 602 km²;坝南(坝下)为下级湖,湖底高程 30.36 m,湖岸高程 34.5 m,面积 664 km²。湖内岛屿有 3 个,以微山岛为最大。

南四湖四周分布有山地、平原、洼地,湖区水面宽阔、河道众多,港汊纵横,堤堰交织,形成了以低洼水面为主体,多种地貌类型相互交错的地貌格局。南四湖流域的大地构造单元属中朝准地台—鲁西中台隆的济宁—成武凹断束,西部聊考断裂以西东明一带为华北台坳开封台陷花园口台凹,东部宁阳—邹城—滕州一线以东为鲁西中台隆、鲁西拱断束尼山穹断束。流域内断裂和隆起颇多。褶皱方向多北东—北东东向,主要断裂有峄山、孙氏店、济宁、嘉祥、巨野等。南四湖湖盆在鲁西断块西部,坐落于受 NNW 与近 EW 向断裂控制的嘉尼凸起、鱼腾凹陷与济宁凹陷之上。

1.1.3　水文气象

南四湖流域属于暖温带、半湿润季风区大陆性气候,具有四季分明、光照充足、雨热同季、降水集中、干湿交替、无霜期长、偶有灾害的特点。

流域 1956~2010 年多年平均降水量为 703.3 mm,多年平均水资源量为 60.74 亿 m³,70% 以上集中在汛期。其中,山东省南四湖流域 1956~2010 年多年平均降水量为 695.8 mm,多年平均水资源量 52.22 亿 m³。区内全年日照时数 2 516 h,总辐射量为 117.4 kcal/cm²(1 kcal = 4.186 8 kJ),无霜期一般为 204~213 d。多年平均气温 13.7 ℃,7 月气温最高,月平均为 27.3 ℃,极端最高气温 40.5 ℃;1 月气温最低,平均为 -1.9 ℃,极端最低气温为 -22.3 ℃。

据历年水位资料统计,上级湖多年平均水位 33.70 m,年平均最高水位 34.27 m,平均最低水位湖水基本干涸(2002 年)。下级湖多年平均水位 31.93 m,平均最高水位 32.89 m,平均最低水位 30.68 m(2002 年)。

受湖泊影响,湖区年平均气温较整个流域较高,气温的昼夜变化与季节变化较小,降水偏多,相对湿度较高。年平均气温 13.7 ℃,年平均日照时数为 2 530 h,无霜期 209~224 d。年平均降水量湖西约 700 mm,湖东为 750~850 mm,多年平均径流量 29.20 亿 m³,70% 以上集中在汛期。

1.1.4　河流水系

南四湖由南阳、独山、昭阳、微山四湖相连而得名,湖区面积 1 266 km²(上级湖 602 km²、下级湖 664 km²),南北长 125 km,东西宽 5~25 km,周边长 311 km。南四湖为浅水型平原湖泊,湖盆浅平,北高南低。南北狭长,形如长带,由西北向东南延伸。湖腰最窄的二级坝枢纽将南四湖一分为二,坝北为上级湖,坝南为下级湖。上级湖包括南阳湖、独山湖及部分昭阳湖,正常蓄水位33.99 m(85国家高程基准,下同),相应库容9.30亿 m^3,死水位32.79 m,相应库容2.69亿 m^3;下级湖包括微山湖及部分昭阳湖,正常蓄水位32.29 m,相应库容7.78亿 m^3,死水位31.29 m,相应库容3.06亿 m^3。南四湖具有蓄水、防洪、排涝、引水灌溉、城市供水、水产、航运及旅游等多种功能。湖泊主要特征指标见表1-2。

表1-2 南四湖主要特征指标

特征指标		上级湖	下级湖	全湖
流域面积(万 km^2)		2.75	0.42	3.17
湖面面积(km^2)		602	664	1 266
平均湖底高程(m)		32.3	30.79	
特征水位 (m)	死水位	32.79	31.29	
	正常蓄水位	33.99	32.29	
	兴利水位	33.99	32.29	
	50年一遇防洪水位	36.79	36.29	
库容 (亿 m^3)	死库容	2.69	3.06	5.75
	兴利库容	6.61	4.72	11.33
	总库容	26.12	34.10	60.22

南四湖入湖河流众多,53条入湖河流中,有30条注入上级湖,其中15条位于湖西、15条位于湖东。流域面积在1 000 km^2以上的河流有9条,全部注入上级湖,其中湖东3条,分别为洸府河、泗河、白马河;湖西有6条,分别是梁济运河、洙赵新河、新万福河、东鱼河、复新河、大沙河。流域面积为100~1 000 km^2的河流有15条,新中国成立以来,主要河流大部分都经过了不同程度的治理,其中入湖口建有控制性工程的有11条。南四湖出口河流为韩庄运河、伊家河、不牢河。南四湖入湖河流详见表1-3、图1-1。

表1-3 南四湖流域水系主要河流情况

上级湖							
湖西				湖东			
序号	河流名称	流域面积(km^2)	河长(km)	序号	河流名称	流域面积(km^2)	河长(km)
1	老运河	30	12.2	16	洸府河	1 331	76.4
2	梁济运河	3 306	88	17	幸福河	75	15
3	龙拱河	52	12	18	泗河	2 357	159
4	洙水河	571	47	19	白马河	1 099	60
5	洙赵新河	4 206	140.7	20	界河	193	35.4
6	蔡河	332	41.5	21	岗头河	31	20

续表 1-3

上级湖

湖西				湖东		
序号	河流名称	流域面积（km²）	河长（km）	序号	河流名称	流域面积（km²）	河长（km）
7	新万福河	1 283	77	22	小龙河	116	20
8	老万福河	563	33	23	瓦渣河	37	15
9	惠河	85	26	24	辛安河	6	4.5
10	西支河	96	14	25	徐楼河	24	5
11	东鱼河	5 923	172.1	26	北沙河	535	64
12	复新河	1 812	75	27	小荆河	53	5
13	姚楼河	80	33.5	28	汁泥河	15	4
14	大沙河	1 700	61	29	城郭河	912	81
15	杨官屯河	114	17.6	30	小苏河	46	10
	小计	20 153			小计	6 830	

下级湖

湖西				湖东		
序号	河流名称	流域面积（km²）	河长（km）	序号	河流名称	流域面积（km²）	河长（km）
31	沿河	350	27	41	房庄河	83	11
32	鹿口河	428	39	42	薛王河	242	35
33	郑集河	497	17	43	中心河	58	7
34	小沟	15	5	44	新薛河	686	89.6
35	大冯河	9	4.5	45	西泥河	30	9
36	高皇沟	38	15	46	东泥河	53	5
37	利国东大沟	27	15	47	薛城沙河	296	40
38	挖工庄河	46	6	48	蒋集河	54	13
39	五段河	40	10.7	49	沙沟河	39	7
40	八段河	37	20	50	小沙河	54	9
				51	蒋官庄河	77	13
				52	赵庄河	18	10
				53	西庄河	17	6
	小计	1 487			小计	1 707	
	湖西合计	21 640			湖东合计	8 537	

1.2 　社会经济概况

南四湖流域是我国重要的粮棉生产基地和能源基地之一,也是山东省最大的淡水鱼养殖基地。流域内分布着造纸、电力、化工、食品、煤炭开采、酿造等工业项目,其中纺织、食品、煤炭和电力占较大的份额。南四湖以及京航运河分布多条船舶运输航道,在流域经济建设中具有举足轻重的地位。

南四湖流域矿藏资源丰富,特别是煤炭资源分布面大,储量多,且煤种齐全,埋藏集中,煤质好,便于大规模开采。南四湖周边在 -1 500 m 以上的煤炭储量有 360 亿 t。煤种多为煤气、肥煤,煤的质量好,多为低灰、低硫、低磷煤层,是优良的动力用煤和炼焦配煤,是国家重要的能源基地之一。现已建成的兖州、济宁、滕州等大型矿井,规模都达到或超过 400 万 t/a。另外,流域内还有零星分布的铁矿、白云石矿、大理石矿、黏土等矿藏,以及丰富的砂、石等建筑材料。

区域内交通发达,京九、津浦铁路纵贯南北,兖石、兖新铁路横跨东西。京沪、京福、日东高速公路四通八达,京杭大运河在本区通过,既成为南北运输的辅助线,又沟通了沿湖、沿河两岸的中小城镇。公路四通八达,交通遍及城乡,为本地区的工农业发展提供了极为方便的条件。

截至 2010 年年末,南四湖流域所辖行政区面积约 35 288.2 km^2,流域面积 3.17 万 km^2,GDP 总量 5 687.89 亿元,人均 GDP 1 612 元。图 1-2 为南四湖流域各行政区土地面积、流域面积、人口及 GDP 占流域比例情况。表 1-4 为 2010 年南四湖流域各县(市、区)社会经济概况。

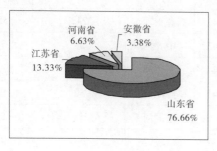

(a)土地面积

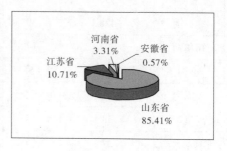

(b)流域面积

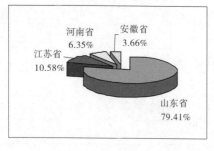

(c)人口

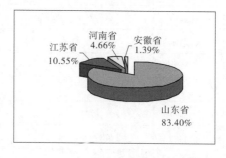

(d)GDP

图 1-2 　南四湖流域各行政区土地面积、流域面积、人口及 GDP 占流域比例

表 1-4　南四湖流域各县(市、区)社会经济情况一览(2010 年)

省	县区	土地面积 (km²)	流域面积 (km²)	人口(人)			GDP (亿元)	人均GDP (元/人)	经济密度GDP (万元/km²)	人口密度 (人/km²)
				农村	城镇	小计				
山东省	市中区	35.0	39.0	235 218	353 757	588 975	164.37	27 908	46 963	16 828
	任城区	869.5	881.0	104 548	428 227	532 775	200.80	37 689	2 309	613
	微山县	1 591.3	1 780.0	545 886	173 128	719 014	243.70	33 894	1 531	452
	汶上县	762.3	857.0	648 685	127 042	775 727	149.02	19 210	1 955	1 018
	泗水县	1 070.0	1 070.0	451 911	168 404	620 315	93.83	15 126	877	580
	曲阜市	889.4	896.0	365 331	272 705	638 036	235.29	36 877	2 645	717
	兖州市	690.0	648.0	346 853	285 987	632 840	392.76	62 063	5 692	917
	邹城市	1 387.3	1 619.0	760 120	396 860	1 156 980	548.29	47 390	3 952	834
	鱼台县	628.0	654.0	388 675	82 260	470 935	93.97	19 954	1 496	750
	金乡县	790.0	885.0	538 224	103 167	641 391	103.09	16 073	1 305	812
	嘉祥县	1 008.2	973.0	721 395	148 106	869 501	154.98	17 824	1 537	862
	梁山县	963.9	915.0	662 136	121 718	783 854	149.14	19 027	1 547	813
	薛城区	507.0	507.0	303 401	123 076	426 477	99.02	23 218	1 953	841
	滕州市	1 485.0	1 485.0	1 156 142	525 289	1 681 431	633.92	37 701	4 269	1 132
	山亭区	1 018.0	1 018.0	382 182	122 418	504 600	85.86	17 015	843	496
	牡丹区	1 432.0	1 432.0	807 543	720 028	1 527 571	258.07	16 894	1 802	1 067
	单县	1 680.0	1 963.0	983 179	241 291	1 224 470	144.84	11 829	862	729
	曹县	1 969.0	1 650.0	1 348 152	214 034	1 562 186	142.53	9 124	724	793
	成武县	949.4	988.0	575 131	114 548	689 679	93.72	13 589	987	726
	定陶县	845.9	843.0	554 654	118 084	672 738	73.65	10 948	871	795
	郓城县	1 643.0	1 643.0	10 56 850	164 821	1 221 671	147.63	12 084	899	744
	鄄城县	1 041.0	870.0	758 274	105 615	863 889	82.48	9 548	792	830
	巨野县	1 303.0	1 303.0	774 684	238 927	1 013 611	120.14	11 853	922	778
	东明县	1 370.0	1 055.0	691 610	120 584	812 194	122.08	15 031	891	593
	宁阳县	1 125.0	1 102.0	654 000	168 000	822 000	211.00	25 669	1 876	731
	小计	27 053.2	27 076.0	15 814 784	5 638 076	21 452 860	4 744.18	22 114	1 754	793
江苏省	丰县	1 446.00	1 440.0	652 200	512 700	1 164 900	150.18	12 892	1 039	806
	沛县	1 349.00	1 340.0	796 600	482 800	1 279 400	301.60	23 574	2 236	948
	铜山县	1 909.00	614.0	267 680	145 984	413 664	148.08	35 797	2 412	674
	小计	4 704.0	3 394.0	1 716 480	1 141 484	2 857 964	599.86	20 989	1 275	608
河南省	兰考县	1 116.0	461.0	731 000	129 000	860 000	150.89	17 545	1 352	771
	民权县	1 222.0	587.0	716 000	140 000	856 000	114.00	13 318	933	700
	小计	2 338.0	1 048.0	1 447 000	269 000	1 716 000	264.89	15 436	1 133	734
安徽省	砀山县	1 193.0	182.0	855 387	133 962	989 349	78.96	7 981	662	829
总计		35 288.2	31 700.0	19 833 651	7 182 522	27 016 173	5 687.89	21 054	1 612	766

2010 年年末,南四湖流域总人口 2 701.617 3 万人,其中农业人口 1 983.365 1 万,城镇人口 718.252 2 万,城镇化水平为 26.59%,城镇化水平较低,农业人口比重较大(占73.41%)。流域人口密度 766 人/km²,人口分布不均匀。

由图 1-2 可知,在南四湖流域中山东省的土地面积、流域、人口、GDP 占总流域的比例最大,分别为 76.66%、85.41%、79.41% 和 83.40%,其次为江苏省,分别占 13.33%、10.71%、10.58% 和 10.55%。因此,山东省是南四湖流域的主要组成部分。

据统计,2010 年淮海经济区(包括山东、江苏、安徽、河南 4 省 25 个地区)GDP 总量为30 850.49 亿元,由表 1-4 南四湖流域 2010 年 GDP 总量 5 687.89 亿元,占淮海经济开发区中的比例为 18.44%,占全国的 1.36%。由此可以看出,南四湖流域在我国经济社会发展中具有重要的地位。

1.3　研究分区

1.3.1　水资源分区

1.3.1.1　以全国水资源区划标准为依据确定水资源分区

2002 年 8 月,水利部印发了《关于印发全国水资源分区的通知》,通知中明确了全国水资源一、二、三级区域划分,并附有三级水资源分区与地级行政区划的对照关系。因此,本研究水资源的一、二、三级分区应按此标准进行。按照此标准,南四湖流域水资源一级分区为淮河,二级分区为沂沭泗河,相应三级分区有两个,即湖东区与湖西区。

1.3.1.2　流域与行政区划相结合确定水资源分区

一般而言,同一流域中水资源特点和其他自然地理条件相同或接近,因此同一流域应该划分在一个区域。但是,我国水资源的开发、利用与管理实行流域与地方政府共同管理的方式,其中地方政府是水资源的开发、利用与管理主要的责任者。因此,水资源的划分必须考虑行政区划,即在一定程度上照顾流域界限和行政界限。

按照本条原则,南四湖流域四、五级水资源分区为四级分区,以地市行政区域划分为9 个区,五级分区以县(市、区)行政区域划分为 33 个区。

南四湖流域水资源分区见表 1-5。

1.3.2　研究分区

由表 1-4、图 1-2 可知,南四湖流域中山东省的流域面积、人口、GDP 占总流域的比例分别为 76.66%、79.41% 和 83.41%,是流域中的重要部分。因此,本研究重点围绕山东省南四湖流域进行。

研究分区采用与水资源分区及行政区划一致性的原则,将南四湖流域分为 3 个层次,第一层次为省级区,即山东省;第二层次为地级区,省级分区下按照地级行政区与水资源四级分区划分为湖东济宁、湖东枣庄、湖东泰安、湖西济宁、湖西菏泽等地级区;第三层次为县级区,每个地级区下按照县级行政区划分,共分为 25 个区。其中,湖东泰安包括宁阳县、东平县和新泰市,流域面积 1 102 km²,与宁阳县的土地面积 1 125 km² 接近,因东

表 1-5　南四湖流域水资源分区

一级区	二级区	三级分区	四级分区 (地级市)	五级分区(县(市、区))	流域面积 (km²)
淮河	沂沭泗河	湖东区	湖东济宁	市中区、任城区、曲阜市、兖州市、邹城市、汶上县、泗水县、微山县	7 463
			湖东泰安	宁阳县、东平县、新泰市	1 102
			湖东枣庄	薛城区、滕州市、山亭区	3 010
			小计	14 个县(市、区)	11 575
		湖西区	湖西济宁	鱼台县、金乡县、嘉祥县、梁山县、任城区、微山县	3 754
			湖西菏泽	牡丹区、单县、曹县、成武县、定陶县、郓城县、鄄城县、巨野县、东明县	11 747
			湖西徐州	丰县、沛县、铜山县	3 394
			湖西开封	兰考县	461
			湖西商丘	民权县	587
			湖西宿州	砀山县	182
			小计	21 个县(市、区)(重复 2 个县(市、区))	20 125
		合计		33 个县(市、区)	31 700

平县和新泰市流域面积较小,为方便计算,湖东泰安只按宁阳县计算。另外,任城区和微山县流域面积分布在湖东与湖西,其中湖西流域面积分别为 220 km²、107 km²。考虑到两县湖西流域面积相对该县的流域面积而言较小,因此统计计算时,这两个县(市、区)的流域面积均划分为湖东区,不再分开统计。山东省南四湖流域研究分区见图 1-3。

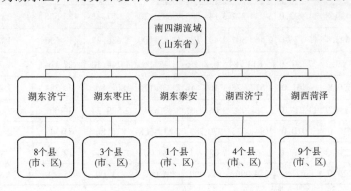

图 1-3　南四湖流域研究分区及水资源配置分区

　　另外,为了便于流域数据的分析比较,在研究中对数据的统计除按图 1-3 分区统计外,还采用以下分区对数据进行统计与分析,如图 1-4 所示。

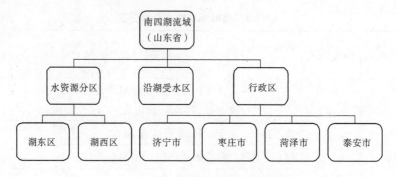

图 1-4　南四湖流域研究统计分区

图 1-5 中沿湖受水区是指直接利用南四湖水的县（区），包括济宁市的市中区、任城区、鱼台县、微山县；枣庄市的薛城区，共 5 个县(市、区)。

(a)流域面积　　　　　　　　(b)人口　　　　　　　　(c)GDP

图 1-5　南四湖流域湖东、湖西面积、人口、GDP 比例(2010 年)

按照研究分区及统计分区，2010 年南四湖流域基本情况见表 1-6。

表 1-6　南四湖流域各研究区社会经济情况一览(2010 年)

项目		土地面积（km²）	流域面积（km²）	人口（人）			GDP（亿元）	人均 GDP（元/人）	经济密度 GDP（万元/km²）	人口密度（人/km²）
				农村	城镇	小计				
水资源分区	湖东区	11 429.8	11 902.0	5 954 277	3 144 893	9 099 170	3 057.86	33 606	2 675	796
	湖西区	15 623.4	15 174.0	9 860 507	2 493 183	12 353 690	1 686.32	13 650	1 079	791
流域合计		27 053.2	27 076.0	15 814 784	5 638 076	21 452 860	4 744.18	22 114	1 754	793
受水区合计		3 630.8	3 861.0	1 577 728	1 160 448	2 738 176	801.86	29 284	2 208	754
行政区	济宁市	10 684.9	11 217.0	5 768 982	2 661 361	8 430 343	2 529.24	30 002	2 367	789
	枣庄市	3 010.0	3 010.0	1 841 725	770 783	2 612 508	818.80	31 342	2 720	868
	菏泽市	12 233.3	11 747.0	7 550 077	2 037 932	9 588 009	1 185.14	12 361	969	784
	泰安市	1 125.0	1 102.0	654 000	168 000	822 000	211.00	25 669	1 876	731

各研究区及统计区的面积、人口、GDP 等构成见图 1-5、图 1-6，南四湖流域沿湖受水区面积、人口、GDP 占流域比例见图 1-7，各区的经济状况见图 1-8、图 1-9。

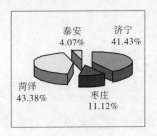
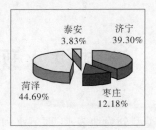
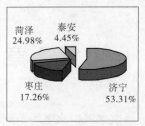

(a)流域面积 　　　　　(b)人口 　　　　　(c)GDP

图1-6　南四湖流域行政区面积、人口、GDP比例(2010年)

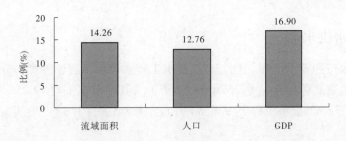

图1-7　南四湖流域沿湖受水区流域面积、人口、GDP比例(2010年)

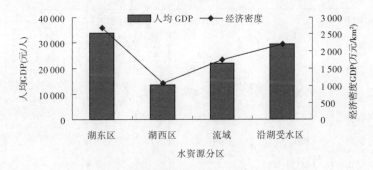

图1-8　南四湖流域各研究区经济状况(2010年)

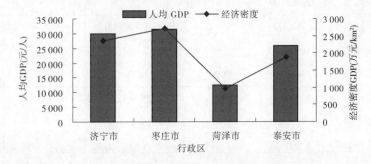

图1-9　南四湖流域各行政区经济状况(2010年)

第 2 章　流域供水现状分析

流域供水根据水源的不同类型分为地表水、地下水和其他水源三大类,按水资源分区及行政分区分别进行统计分析。

2.1　地表水

2.1.1　地表水供水量

地表水供水按照蓄水工程、引水工程、提水工程和调水工程四种类型分别统计。2010年南四湖流域地表水源供水总量 267 619.37 万 m^3,其中蓄水工程 49 256.92 万 m^3,引水工程 31 314.65 万 m^3,提水工程 79 936.80 万 m^3,调水工程 107 111.00 万 m^3,具体情况见表 2-1。

表 2-1　2010 年南四湖流域地表水源供水量统计　　　　（单位:万 m^3）

水资源分区	行政区	蓄水	引水	提水	调水	合计
湖东济宁	市中区		1 000.00	8 993.20		9 993.20
	任城区			7 556.00		7 556.00
	微山县		18 555.79			18 555.79
	汶上县	300.00	2 647.40			2 947.40
	泗水县	2 835.00	210.00	521.53		3 566.53
	曲阜市	851.34	1 985.46			2 836.80
	兖州市	16 357.47				16 357.47
	邹城市	11 560.11	36.00	623.00		12 219.11
湖东泰安	宁阳县	2 767.00	4 313.00			7 080.00
湖东枣庄	薛城区	752.00	0	1 840.00		2 592.00
	滕州市	4 556.00	1 667.00	2 311.00		8 534.00
	山亭区	1 420.00	900.00	453.00		2 773.00
湖西济宁	鱼台县			25 930.00		25 930.00
	金乡县			13 454.47		13 454.47
	嘉祥县	4 200.00		3 968.60		8 168.60
	梁山县			7 480.00	12 608.00	20 088.00

续表 2-1

水资源分区	行政区	蓄水	引水	提水	调水	合计
湖西菏泽	牡丹区	540.00		905.00	15 086.00	16 531.00
	单县	700.00		1 500.00	12 400.00	14 600.00
	曹县	420.00		660.00	8 500.00	9 580.00
	成武县	800.00			6 000.00	6 800.00
	定陶县	484.00			7 200.00	7 684.00
	郓城县	235.00		760.00	15 079.00	16 074.00
	鄄城县				15 264.00	15 264.00
	巨野县	279.00		2 200.00	6 800.00	9 279.00
	东明县	200.00		781.00	8 174.00	9 155.00
按水资源分区合计	湖东区	41 398.92	31 314.65	22 297.73	0	95 011.30
	湖西区	7 858.00	0	57 639.07	107 111.00	172 608.07
	流域	49 256.92	31 314.65	79 936.80	107 111.00	267 619.37
	沿湖受水区	752.00	19 555.79	44 319.20	0	64 626.99
按行政区合计	济宁市	36 103.92	24 434.65	68 526.80	12 608.00	141 673.37
	枣庄市	6 728.00	2 567.00	4 604.00	0.00	13 899.00
	菏泽市	3 658.00	0	6 806.00	94 503.00	104 967.00
	泰安市	2 767.00	4 313.00	0	0	7 080.00

2.1.2　地表水供水量分析

由表 2-1 可知,南四湖流域各湖东、湖西区及各行政区 2010 年地表水各水源类型供水比例见图 2-1～图 2-4。

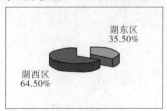

图 2-1　湖东、湖西区地表水源供水比例

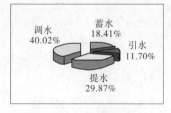

图 2-2　各类地表水源供水比例

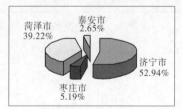

图 2-3　行政区地表水源供水比例

由表 2-1、图 2-1～图 2-4 看到,2010 年地表水供水量中山东省南四湖流域鱼台县最大,为 25 930.00 万 m³。地表水供水量主要为湖西区,占总量的 64.50%;从全流域看,调水供水量最大,占 40.02%,其次为提水 29.87%,蓄水占 18.41%,引水最小占 11.70%;从流域的 4 个行政区看,济宁市的地表水供水量最大,占 52.94%,其次为菏泽市占 39.22%,枣庄市占 5.19%,泰安市最小占 2.65%。

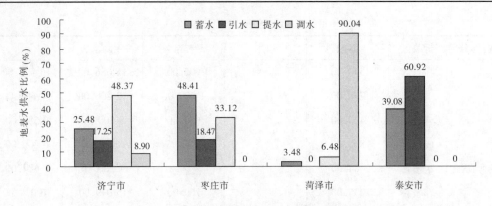

图 2-4　各行政分区各类地表水源供水量比例

从图 2-4 看到,各行政区各类地表水供水比例差别较大,泰安市主要为引水,供水比例超过 60%;而菏泽市主要为调水,供水比例高达 90.04%,枣庄市供水主要为蓄水,供水比例占 48.41%,济宁市主要为提水,供水比例占 48.37%。

从表 2-1 可以看出,流域内调水全部为湖西区,包括菏泽市的各县(市、区)和济宁市的梁山县。

2.2　地下水

2.2.1　地下水供水量

2010 年南四湖流域地下水水源供水量为 266 588.22 万 m³,其中浅层地下水 209 599.98 万 m³,深层承压水 53 638.24 万 m³,微咸水 3 350.00 万 m³,具体情况见表 2-2。

表 2-2　2010 年南四湖流域地下水源供水量　　　　　（单位:万 m³）

水资源分区	行政区	浅层水	深层承压水	微咸水	合计
湖东济宁	市中区	378.21	3 404.00		3 782.21
	任城区	6 521.56	7 379.15		13 900.71
	微山县	7 843.79			7 843.79
	汶上县	8 595.08	3 165.52		11 760.60
	泗水县	1 938.00	485.00		2 423.00
	曲阜市	8 793.80	2 198.20		10 992.00
	兖州市	7 094.38	1 655.50		8 749.88
	邹城市	16 868.00			16 868.00

续表 2-2

水资源分区	行政区	浅层水	深层承压水	微咸水	合计
湖东泰安	宁阳县	10 467.00	2 779.00		13 246.00
湖东枣庄	薛城区	3 650.00			3 650.00
	滕州市	20 738.00	3 731.00		24 469.00
	山亭区	456.00	2 238.00		2 694.00
湖西济宁	鱼台县	6 221.00	1 430.00		7 651.00
	金乡县	8 972.00	2 144.03		11 116.03
	嘉祥县	6 300.00	4 600.00		10 900.00
	梁山县	7 352.16	3 459.84		10 812.00
湖西菏泽	牡丹区	14 580.00	1 686.00		16 266.00
	单县	9 000.00	6 400.00	100.00	15 500.00
	曹县	16 053.00	1 120.00		17 173.00
	成武县	9 210.00	500.00		9 710.00
	定陶县	6 086.00	820.00		6 906.00
	郓城县	10 791.00	932.00		11 723.00
	鄄城县	2 250.00	651.00		2 901.00
	巨野县	10 186.00	1 060.00	3 250.00	14 496.00
	东明县	9 255.00	1 800.00		11 055.00
水资源分区合计	湖东区	93 343.82	27 035.37	0	120 379.19
	湖西区	116 256.16	26 602.87	3 350.00	146 209.03
	流域	209 599.98	53 638.24	3 350.00	266 588.22
	沿湖受水区	24 614.56	12 213.15	0	36 827.71
按行政区合计	济宁市	39 312.16	14 412.87	0	53 725.03
	枣庄市	24 844.00	5 969.00	0	30 813.00
	菏泽市	87 411.00	14 969.00	3 350.00	105 730.00
	泰安市	58 032.82	18 287.37	0	76 320.19

2.2.2 地下水供水量分析

根据表 2-2,南四湖流域各湖东、湖西区及各行政区 2010 年地下水各水源类型供水比例见图 2-5 ~ 图 2-9。

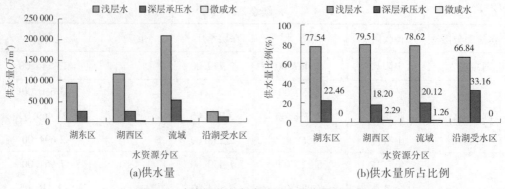

(a)供水量　　　　　　　　　　　　　　(b)供水量所占比例

图 2-5　水资源分区各类地下水供水量及比例

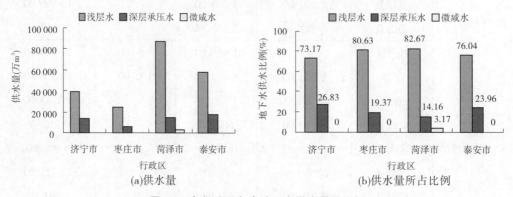

(a)供水量　　　　　　　　　　　　　　(b)供水量所占比例

图 2-6　各行政区各类地下水供水量及比例

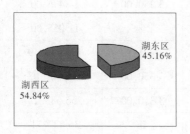

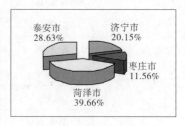

图 2-7　湖东、湖西区地下水　　　图 2-8　流域各类地下水　　　图 2-9　各行政区地下水
　　　　供水比例　　　　　　　　　　　供水比例　　　　　　　　　　供水比例

从表 2-2 可以看出,2010 年南四湖流域地下水供水量中,山东省内滕州市最多,为 24 469.00 万 m^3;泗水县最少,为 2 423.00 万 m^3。

由图 2-5 可以看出,湖东、湖西区主要为浅层地下水,占 75% 以上,沿湖受水区浅层地下水供水量也占到 66.84%,微咸水供水主要在湖西区的巨野县和单县。

由图 2-6 可以看出,菏泽市、枣庄市浅层地下水供水量超过 80%,济宁市和泰安市超过 70%。

由图 2-7 ~ 图 2-9 可以看出,湖西区地下水供水量大于湖东区,地下水主要开采类型为浅层水,占总地下水量的 78.62%,微咸水占的比例很少,为 1.26%。从行政区看,菏泽市地下水供水量最多,占 39.66%,其次为泰安市,占 28.63%。

2.3　其他供水

2.3.1　其他水源供水量

2010 年南四湖流域其他水源供水量 8 157.00 万 m^3,其中集雨 80.00 万 m^3,矿坑水 742.00 万 m^3,污水 7 335.00 万 m^3,具体情况见表 2-3。

表 2-3　2010 年南四湖流域其他水源供水量统计　　　　（单位:万 m^3）

水资源分区	行政区	集雨	矿坑水	污水	合计
湖东济宁	市中区				0
	任城区				0
	微山县		575.00		575.00
	汶上县		167.00		167.00
	泗水县				0
	曲阜市			156.00	156.00
	兖州市				0
	邹城市			640.00	640.00
湖东泰安	宁阳县			660.00	660.00
湖东枣庄	薛城区			280.00	280.00
	滕州市	80.00		944.00	1 024.00
	山亭区			410.00	410.00
湖西济宁	鱼台县				0
	金乡县				0
	嘉祥县				0
	梁山县				0
湖西菏泽	牡丹区			1 300.00	1 300.00
	单县			605.00	605.00
	曹县			460.00	460.00
	成武县			400.00	400.00
	定陶县			150.00	150.00
	郓城县			360.00	360.00
	鄄城县			140.00	140.00
	巨野县			240.00	240.00
	东明县			590.00	590.00

续表 2-3

水资源分区	行政区	集雨	矿坑水	污水	合计
按水资源分区合计	湖东区	80.00	742.00	3 090.00	3 912.00
	湖西区	0	0	4 245.00	4 245.00
	流域	80.00	742.00	7 335.00	8 157.00
	沿湖受水区	0	575.00	280.00	855.00
按行政区合计	济宁市	0	742.00	796.00	1 538.00
	枣庄市	80.00	0	1 634.00	1 714.00
	菏泽市	0	0	4 245.00	4 245.00
	泰安市	0	0	660.00	660.00

2.3.2　其他水源供水量分析

根据表 2-3,南四湖流域各湖东、湖西区及各行政区 2010 年其他水源类型供水比例见图 2-10～图 2-14。

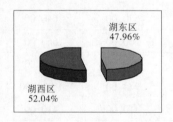

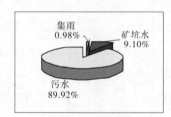

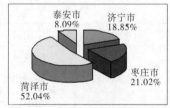

图 2-10　湖东、湖西区其他水源供水比例

图 2-11　流域各类其他水源供水比例

图 2-12　各行政区其他水源供水比例

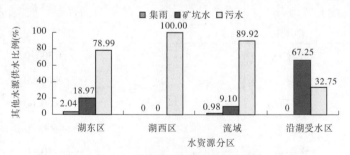

图 2-13　湖东、湖西区各类其他水源供水比例

由表 2-3 可以看出,牡丹区其他水源供水量最多,为 1 300.00 万 m³。从图 2-10 看出,湖东、湖西区其他水源供水比例相差不大,湖西区稍大于湖东区。从图 2-11 可以看出,南四湖流域其他水源主要为污水再利用,供水量占其他水源总量的 89.92%,其次为矿坑水,占 9.10%,集雨仅占 0.98%。

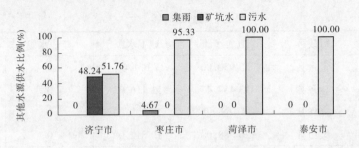

图 2-14　各行政区各类其他水源供水比例

由图 2-12 可以看出,南四湖流域菏泽市其他水源供水比例最大,占全流域的 52.04%;其次为枣庄市,占 21.01%。

从图 2-13 可以看出,湖西区的其他水源仅为污水,湖东区污水占 78.99%,沿湖受水区主要为矿坑水,占 67.25%,其次为污水,占 32.75%。从图 2-14 可以看出,菏泽市、泰安市、枣庄市的其他水源主要为污水,济宁市污水占 51.76%,矿坑水占 48.24%。

2.4　现状总供水量分析

2.4.1　现状总供水量

南四湖流域 2010 年现状总供水量 542 364.59 万 m^3,其中地表水 267 619.37 万 m^3,地下水 266 588.22 万 m^3,其他水源 8 157.00 万 m^3,具体情况见表 2-4。

表 2-4　2010 年南四湖流域各县(市、区)现状供水量　　　　　(单位:万 m^3)

水资源分区	行政区	地表水源	地下水源	其他水源	合计
湖东济宁	市中区	9 993.20	3 782.21	0	13 775.41
	任城区	7 556.00	13 900.71	0	21 456.71
	微山县	18 555.79	7 843.79	575.00	26 974.58
	汶上县	2 947.40	11 760.60	167.00	14 875.00
	泗水县	3 566.53	2 423.00	0	5 989.53
	曲阜市	2 836.80	10 992.00	156.00	13 984.80
	兖州市	16 357.47	8 749.88	0	25 107.35
	邹城市	12 219.11	16 868.00	640.00	29 727.11
湖东泰安	宁阳县	7 080.00	13 246.00	660.00	20 986.00
湖东枣庄	薛城区	2 592.00	3 650.00	280.00	6 522.00
	滕州市	8 534.00	24 469.00	1 024.00	34 027.00
	山亭区	2 773.00	2 694.00	410.00	5 877.00

续表 2-4

水资源分区	行政区	地表水源	地下水源	其他水源	合计
湖西济宁	鱼台县	25 930.00	7 651.00	0	33 581.00
	金乡县	13 454.47	11 116.03	0	24 570.50
	嘉祥县	8 168.60	10 900.00	0	19 068.60
	梁山县	20 088.00	10 812.00	0	30 900.00
湖西菏泽	牡丹区	16 531.00	16 266.00	1 300.00	34 097.00
	单县	14 600.00	15 500.00	605.00	30 705.00
	曹县	9 580.00	17 173.00	460.00	27 213.00
	成武县	6 800.00	9 710.00	400.00	16 910.00
	定陶县	7 684.00	6 906.00	150.00	14 740.00
	郓城县	16 074.00	11 723.00	360.00	28 157.00
	鄄城县	15 264.00	2 901.00	140.00	18 305.00
	巨野县	9 279.00	14 496.00	240.00	24 015.00
	东明县	9 155.00	11 055.00	590.00	20 800.00
按水资源分区合计	湖东区	95 011.30	120 379.19	3 912.00	219 302.49
	湖西区	172 608.07	146 209.03	4 245.00	323 062.10
	流域	267 619.37	266 588.22	8 157.00	542 364.59
	沿湖受水区	64 626.99	36 827.71	855.00	102 309.70
按行政区合计	济宁市	141 673.37	53 725.03	1 538.00	260 010.59
	枣庄市	13 899.00	30 813.00	1 714.00	46 426.00
	菏泽市	104 967.00	105 730.00	4 245.00	214 942.00
	泰安市	7 080.00	76 320.19	660.00	20 986.00

2.4.2 现状总供水量分析

根据表 2-4 南四湖流域各湖东、湖西区及各行政区 2010 年现状供水量及比例见图 2-15 ～图 2-20。由表 2-4 看到,山东省南四湖流域中滕州市供水量最大,为 34 027 万 m³,山亭区最小为 5 877.00 万 m³。

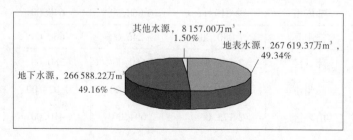

图 2-15   南四湖流域 2010 年供水构成

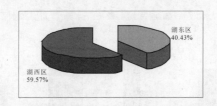

图 2-16　南四湖流域 2010 年湖东、湖西区供水比例

由图 2-15 可知,2010 年南四湖流域供水水源地表水与地下水占的比例基本相同,各占 49% 左右,其他水源仅占 1.50%。图 2-16 表明,南四湖流域湖西区供水量占 59.57%,大于湖东区的 40.43%,因此湖西区为主要供水区。

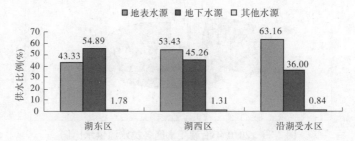

图 2-17　2010 年湖东、湖西区各种水源供水比例

由图 2-17 看出,湖东区地下水供水量最大,占 54.89%,其次为地表水,占 43.32%;湖西区地表水供水量最大,占 53.43%,其次为地下水,占 45.26%;沿湖受水区地表水供水量最大,占 63.17%,其次为地下水,占 36.00%;各区其他水源供水比例较少。

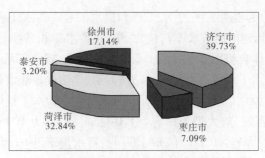

图 2-18　2010 年各行政区供水比例

由图 2-18 可以看出,菏泽市供水量最大,占 32.84%,其次为济宁市,占 39.73%,泰安市最少,占 3.20%。

由图 2-19 可以看出,济宁市地表水供水比例最大为 54.49%,枣庄市地下水供水比例最大为 66.37%,菏泽市地下水与地表水供水比例相差不大,分别为 49.19%、48.84%,泰安市地下水供水比例最大为 63.12%。

由图 2-20 可以看出,沿湖受水区主要供水水源为地表水,供水比例占 63.17%,其次为地下水,供水比例占 36.00%。

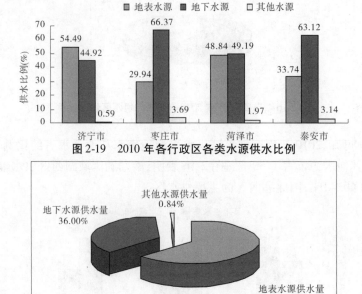

图 2-19　2010 年各行政区各类水源供水比例

图 2-20　2010 年沿湖受水区各类水源供水比例

2.5　供水工程与供水能力

2.5.1　地表水水源工程

地表水水源工程分为蓄水工程、引水工程和提水工程。蓄水工程指水库和塘坝(不包括专为引水、提水工程修建的调节水库),按大、中、小型水库和塘坝分别统计。引水工程指从河道、湖泊等地表水体自流引水的工程(不包括从蓄水、提水工程中引水的工程),按县(市、区)分别统计。提水工程指利用扬水泵站从河道、湖泊等地表水体提水的工程(不包括从蓄水、引水工程中提水的工程),按县(市、区)分别统计。蓄水工程规模按下述标准划分:

水库工程按总库容划分:大型为库容≥1.0 亿 m³,中型为 1.0 亿 m³＞库容≥0.1 亿 m³,小型为 0.1 亿 m³＞库容≥0.001 亿 m³;塘坝指蓄水量不足 10 万 m³ 的蓄水工程,不包括鱼池、藕塘及非灌溉用的涝池或坑塘。

2.5.1.1　蓄水工程

截至 2010 年年底,山东省南四湖流域已建蓄水工程 3 205 座,其中大型水库 5 座,中型水库 12 座,小型水库 446 座,塘坝 2 742 座。蓄水工程总库容 138 078.02 万 m³,其中大型水库 66 150.00 万 m³,中型水库 34 895.00 万 m³,小型水库 27 180.92 万 m³,塘坝 9 852.10万 m³。按水资源分区与行政区蓄水工程数量及蓄水库容统计见表 2-5。

这些蓄水工程的供水能力为 75 310.73 万 m³,其中大型水库 34 607 万 m³,中型水库 19 686 万 m³,小型水库 14 784.73 万 m³,塘坝 6 233.30 万 m³。按水资源及行政分区统计见表 2-6。

表 2-5　2010 年南四湖流域蓄水工程数量及库容统计

水资源分区	行政区	已建蓄水工程数量(座)					已建蓄水工程总库容数量(万 m³)				
		大型	中型	小型	塘坝	合计	大型	中型	小型	塘坝	合计
湖东济宁	市中区					0					0
	任城区					0					0
	微山县			2		2				30	30
	汶上县				100	100				177	177
	泗水县		3	78	349	430		20 320	4 929	1 078	26 327
	曲阜市	1		61	219	281	11 280		2 975	745	15 000
	兖州市					0					0
	邹城市	1		109	736	846	10 360		7 946	4 052	22 358
湖东泰安	宁阳县		2	92	643	737		2 517	4 334	2 516	9 367
湖东枣庄	薛城区			23	264	287			934	440	1 374
	滕州市	1	1	26	226	254	13 800	2 026	1 573	531	17 930
	山亭区	1	1	56	203	261	20 310	2 617	4 090	283	27 300
湖西济宁	鱼台县					0					0
	金乡县					0					0
	嘉祥县					0					0
	梁山县					0					0
湖西菏泽	牡丹区		1	1		2		1 290	400		1 690.00
	单县	1				1	10 400				10 400.00
	曹县		2			2		2 551			2 551.00
	成武县		1			1		2 044			2 044.00
	定陶县					0					0
	郓城县					0					0
	鄄城县		1			1		1 530			1 530.00
	巨野县					0					0
	东明县					0					0
按水资源分区合计	湖东区	4	7	445	2 742	3 198	55 750	27 480	26 780.92	9 852	119 863
	湖西区	1	5	1	0	7	10 400.00	7 415.00	400.00	0	18 215.00
	流域	5	12	446	2 742	3 205	66 150.00	34 895.00	27 180.92	9 852.10	138 078.02
	沿湖受水区	0	0	23	266	289	0	0	934.00	470.00	1 404.00
按行政区合计	济宁市	2	3	248	1 406	1 659	21 640.00	20 320.00	15 850.37	6 082.20	63 892.57
	枣庄市	2	2	105	693	802	34 110.00	4 643.00	6 596.55	1 253.90	46 603.45
	菏泽市	1	5	1	0	7	10 400.00	7 415.00	400.00	0	18 215.00
	泰安市	0	2	92	643	737	0	2 517.00	4 334.00	2 516.00	9 367.00

表 2-6　2010 年南四湖流域蓄水工程供水能力　　　　　（单位：万 m³）

水资源分区	行政区	已建蓄水工程供水能力				
		大型	中型	小型	塘坝	合计
湖东济宁	市中区					0
	任城区					0
	微山县				25	25
	汶上县				89	89
	泗水县		8 680	2 667	901	12 248
	曲阜市	6 102		1 936	388	8 426
	兖州市	0	0	0	0	0
	邹城市	4 111		4 177	1 806	10 094
湖东泰安	宁阳县		1 346	2 819	2 510	6 675
湖东枣庄	薛城区			573	316	889
	滕州市	2 028	400			2 428
	山亭区	11 966	1 845	2 213	198	16 222
湖西济宁	鱼台县					0
	金乡县					0
	嘉祥县					0
	梁山县					0
湖西菏泽	牡丹区		1 290	400		1 690.00
	单县	10 400				10 400.00
	曹县		2 551			2 551.00
	成武县		2 044			2 044.00
	定陶县					0
	郓城县					0
	鄄城县		1 530			1 530.00
	巨野县					0
	东明县					0
按水资源分区合计	湖东区	24 207	12 271	14 384.43	6 233	57 096
	湖西区	10 400	7 415	400	0	18 215
	流域	34 607	19 686	14 784.43	6 233.30	75 310.73
	沿湖受水区			572.80	341.40	914.20

续表 2-6

水资源分区	行政区	已建蓄水工程供水能力				
		大型	中型	小型	塘坝	合计
按行政 区合计	济宁市	10 213	8 680	8 779.63	3 208.90	30 881.53
	枣庄市	13 994	2 245	2 785.80	514.40	19 539.20
	菏泽市	10 400	7 415	400.00	0	18 215.00
	泰安市		1 346	2 819.00	2 510.00	6 675.00

图 2-21 为湖东、湖西区蓄水工程供水能力比例,图 2-22 为沿湖受水区蓄水工程供水能力构成。可以看到,南四湖流域蓄水工程供水能力中湖东区占 75.81%,为主要供水区域。在沿湖受水区蓄水工程供水能力中,主要为小型水库和塘坝,小型水库占 62.66%,塘坝占 37.34%。

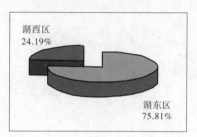

图 2-21　湖东、湖西区蓄水工程
供水能力比例

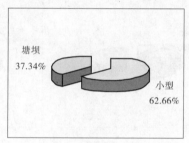

图 2-22　沿湖受水区蓄水工程
供水能力构成

根据表 2-5,绘制流域及湖东、湖西区蓄水工程数量及库容构成见图 2-23、图 2-24。可以看到,从流域总体看,蓄水工程库容大型水库所占比例最大,为 47.91%;其次为中型水库,为 25.27%。从湖东区看,蓄水工程库容中大型水库所占比例最大,为 46.51%;其次为中型水库,为 22.93%。从湖西区看,蓄水工程库容中大型水库所占比例最大,为 57.10%;其次为中型水库,为 40.70%。

(a)流域

(b)湖东区

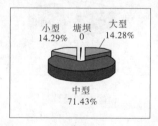

(c)湖西区

图 2-23　流域、湖东及湖西区蓄水工程数量构成

根据表 2-6,绘制流域、湖东、湖西区蓄水工程供水能力构成见图 2-25。可以看到,流域蓄水工程供水能力主要为大型水库,占 45.95%;其次为中型水库,占 26.14%。就湖东

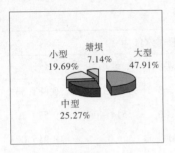 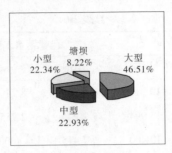 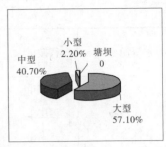

　(a)流域　　　　　　　　　　(b)湖东区　　　　　　　　　(c)湖西区

图 2-24　流域、湖东及湖西区蓄水工程库容构成

区而言,大型水库的供水能力最大,占 42.40% ,其次为中型水库,占 21.49% 。而湖西区供水能力主要为大型水库,占 57.10% ;其次为中型水库,占 40.70% 。

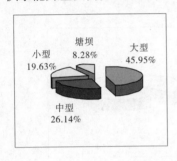 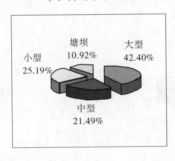 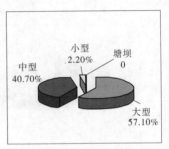

　(a)流域　　　　　　　　　　(b)湖东区　　　　　　　　　(c)湖西区

图 2-25　流域、湖东及湖西区蓄水工程供水能力构成

根据表 2-5、表 2-6,绘制各行政区蓄水工程数量、库容及供水能力构成见图 2-26。

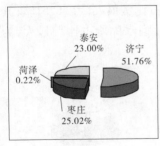 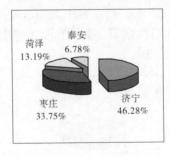 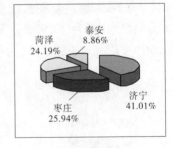

　(a)蓄水工程数量　　　　　　(b)蓄水工程总库容　　　　　(c)蓄水工程供水能力

图 2-26　各行政区蓄水工程供水能力构成

2.5.1.2　引水工程

　　截至 2010 年年底,山东省南四湖流域共有引水工程 10 523 处,设计年供水能力 181 280.20 万 m^3,实际供水能力 136 737.90 万 m^3,具体情况见表 2-7、图 2-27。

表 2-7　2010 年南四湖流域引水工程统计　　　　（单位：万 m³）

水资源分区	行政区	处数	年供水能力		本年实际供水量					
			设计	实际	农业灌溉	工业生产	城镇生活	乡村生活	生态环境	合计
湖东济宁	市中区									0
	任城区									0
	微山县	3	850.00	505.00	435.00					435.00
	汶上县	3	34 241.00	11 573.00	800.00				1 200	2 000.00
	泗水县									0
	曲阜市	2	5 662.00	4 530.00	1 065.00					1 065.00
	兖州市	1	130.00	130.00	130.00					130.00
	邹城市	11	57.00	36.00	10.00			16.00		26.00
湖东泰安	宁阳县	10 176	22 194.30	19 000.00	15 000.00			2 000.00		17 000.00
湖东枣庄	薛城区	5	2 300.00	1 630.00						0
	滕州市	314	2 364.00	2 194.00	2 069.00		10	15.00	10	2 104.00
	山亭区									0
湖西济宁	鱼台县									0
	金乡县									0
	嘉祥县									0
	梁山县	2	21 450.00	12 608.00	12 608.00					12 608.00
湖西菏泽	牡丹区	1	26 200.00	23 100.00	17 100.00		2 600		3 400	23 100.00
	单县									0
	曹县									0
	成武县									0
	定陶县									0
	郓城县	2	17 789.00	15 389.00	15 228.00					15 228.00
	鄄城县	2	20 000.00	18 000.00	13 233.50	2 340				15 573.50
	巨野县									0
	东明县	1	28 042.90	28 042.90	24 993.00			140	160.00	25 293.00
按水资源分区合计	湖东区	10 515	67 798.30	39 598.00	19 509.00	0	10	2 031.00	1 210	22 760.00
	湖西区	8	113 481.90	97 139.90	83 162.50	2 340	2 740	160.00	3 400	91 802.50
	流域	10 523	181 280.20	136 737.90	102 671.50	2 340	2 750	2 191.00	4 610	114 562.50
	沿湖受水区	8	3 150.00	2 135.00	435.00	0	0	0	0	435.00

续表 2-7

水资源分区	行政区	处数	年供水能力		本年实际供水量					
			设计	实际	农业灌溉	工业生产	城镇生活	乡村生活	生态环境	合计
按行政区合计	济宁市	22	62 390.00	29 382.00	15 048.00	0	0	16.00	1 200	16 264.00
	枣庄市	319	4 664.00	3 824.00	2 069.00	0	10	15.00	10	2 104.00
	菏泽市	6	92 031.90	84 531.90	70 554.50	2 340	2 740	160.00	3 400	79 194.50
	泰安市	10 176	22 194.30	19 000.00	15 000.00	0	0	2 000.00	0	17 000.00

 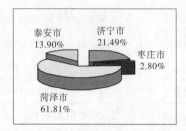

图 2-27　南四湖流域湖东、湖西及各行政区 2010 年引水工程实际供水能力构成

从图 2-27 看到,引水工程实际供水能力中湖西区所占比例最大为 71.04%,湖东区占 28.96%。从行政区看菏泽市供水能力最大,占 61.81%;其次为济宁市,占 21.49%。

2.5.1.3　取水(提水)工程

截至 2010 年年底,南四湖流域取水工程 3 348 处,装机容量 276.16 MW,设计供水能力 155 664.96 万 m³,实际达到 112 509.40 万 m³,具体情况见表 2-8。

表 2-8　2010 年南四湖流域取水工程统计

水资源分区	行政区	处数	装机容量(MW)	年供水能力(万 m³)	
				设计	实际
湖东济宁	市中区	147	21.25	23 620.00	20 510.00
	任城区	48	8.61	9 385.00	5 809.00
	微山县	333	29.00	18 500.00	12 600.00
	汶上县	12	2.19	10.80	8.60
	泗水县	313	8.70	1 352.00	721.00
	曲阜市	188	5.57	1 354.00	1 102.00
	兖州市	3	0.24	65.00	52.00
	邹城市	192	12.63	5 908.00	1 776.00
湖东泰安	宁阳县	320	5.30	200.00	120.00

续表 2-8

水资源分区	行政区	处数	装机容量（MW）	年供水能力（万 m³）	
				设计	实际
湖东枣庄	薛城区	5	54.00	2 300.00	1 630.00
	滕州市	30	7.92	2 600.00	1 661.00
	山亭区	366	6.08	558.85	304.80
湖西济宁	鱼台县	193	34.84	40 815.31	30 785.00
	金乡县	68	6.79	5 562.00	5 147.00
	嘉祥县	271	26.66	11 500.00	8 253.00
	梁山县	160	8.10	489.00	380.00
湖西菏泽	牡丹区	122	3.71	4 200.00	4 200.00
	单县	4	0.63	2 000.00	2 000.00
	曹县	71	4.29	2 000.00	100.00
	成武县	32	2.49	1 500.00	1 400.00
	定陶县	57	3.93	4 010.00	1 000.00
	郓城县	133	9.79	6 620.00	6 620.00
	鄄城县	68	2.72	2 115.00	680.00
	巨野县	140	8.29	6 000.00	2 650.00
	东明县	72	2.43	3 000.00	3 000.00
按水资源分区合计	湖东区	1 957	161.49	65 853.65	46 294.40
	湖西区	1 391	114.67	89 811.31	66 215.00
	流域	3 348	276.16	155 664.96	112 509.40
	沿湖受水区	726	147.70	94 620.31	71 334.00
按行政区合计	济宁市	1 928	164.58	118 561.11	87 143.60
	枣庄市	401	68.00	5 458.85	3 595.80
	菏泽市	699	38.28	31 445.00	21 650.00
	泰安市	320	5.30	200.00	120.00

　　图 2-28 为南四湖流域湖东、湖西及各行政区 2010 年取水工程实际供水能力构成，从图中看到，提水工程供水实际能力湖西区占 58.85%，湖东区占 41.15%。从行政区看，取水工程供水能力最大为济宁市，占 77.45%；其次为菏泽市，占 19.24%。

2.5.2　地下水源工程

　　地下水源工程指利用地下水的水井工程，包括浅层地下水和深层承压水两种类型。

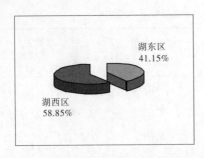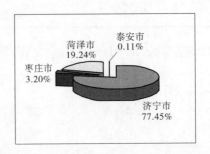

图2-28 南四湖流域湖东、湖西及各行政区2010年取水工程实际供水能力构成

浅层地下水指与当地降水、地表水体有直接补排关系的潜水和与潜水有紧密水力联系的弱承压水。深层承压水是充满两个隔水层之间的含水层中的地下水。

截至2010年山东省南四湖流域共有机井308 038眼,其中配套机电井261 729眼,装机容量2 180.59 MW。设计年供水能力454 036.11万 m³,实际达到383 134.22万 m³。具体情况见表2-9。

表2-9 2010年南四湖流域地下水工程统计

水资源分区	行政区	机井眼数	已配套眼数	装机容量（MW）	年供水能力（万 m³）	
					设计	实际
湖东济宁	市中区	3 603	1 997	16.06	4 845.00	4 306.00
	任城区	11 770	11 111	69.99	18 076.00	15 797.00
	微山县	6 021	4 210	31.13	5 580.00	3 500.00
	汶上县	13 814	13 402	118.22	24 959.00	17 013.00
	泗水县	2 643	1 394	18.17	4 836.00	2 344.00
	曲阜市	12 633	11 141	90.92	17 037.40	13 576.40
	兖州市	15 059	15 059	157.05	18 500.88	17 286.88
	邹城市	12 847	9 813	91.67	13 911.00	11 954.00
湖东泰安	宁阳县	11 309	10 868	98.34	20 654.00	18 981.00
湖东枣庄	薛城区	3 245	2 227	22.00	6 737.43	5 164.72
	滕州市	20 718	17 853	132.92	23 042.50	22 961.20
	山亭区	1 225	1 023	14.93	2 412.00	862.80
湖西济宁	鱼台县	9 879	8 157	71.21	9 853.00	7 853.00
	金乡县	21 437	19 243	147.79	22 000.00	17 074.00
	嘉祥县	16 450	15 174	117.70	22 713.00	17 204.00
	梁山县	12 498	9 608	83.87	9 683.00	7 226.00

续表2-9

水资源分区	行政区	机井眼数	已配套眼数	装机容量（MW）	年供水能力（万 m³）	
					设计	实际
湖西菏泽	牡丹区	9 610	9 191	64.43	15 315.00	13 235.00
	单县	26 500	23 000	175.22	20 000.00	15 150.00
	曹县	24 445	19 886	182.69	20 306.00	10 770.00
	成武县	11 238	9 179	68.42	14 297.00	14 207.00
	定陶县	12 194	11 220	88.95	14 540.00	9 370.00
	郓城县	12 871	12 141	100.00	12 000.00	11 100.00
	鄄城县	8 578	6 417	54.21	83 617.00	83 617.00
	巨野县	20 054	13 109	118.00	21 416.00	21 416.00
	东明县	7 397	5 306	46.70	27 704.90	21 165.22
按水资源分区合计	湖东区	114 887	100 098	861.40	160 591.21	133 747.00
	湖西区	193 151	161 631	1 319.19	293 444.90	249 387.22
	流域	308 038	261 729	2 180.59	454 036.11	383 134.22
	沿湖受水区	34 518	27 702	210.39	45 091.43	36 620.72
按行政区合计	济宁市	138 654	120 309	1 013.78	171 994.28	135 134.28
	枣庄市	25 188	21 103	169.85	32 191.93	28 988.72
	菏泽市	132 887	109 449	898.62	229 195.90	200 030.22
	泰安市	11 309	10 868	98.34	20 654.00	18 981.00

图 2-29 为南四湖流域地下水工程实际供水能力构成,从图中看到,湖西区地下水实际供水能力占总量的 55.05%,湖东区占 44.95%。从行政区看,济宁市地下水供水能力最大,占 42.59%,其次为菏泽市,占 40.33%。

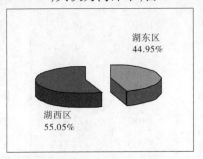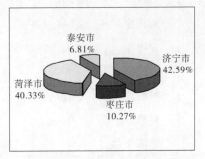

图 2-29　南四湖流域湖东、湖西及各行政区 2010 年地下水工程实际供水能力构成

2.5.3　总供水能力

截至 2010 年年底,山东省南四湖各类工程总供水能力 707 692 万 m³,其中湖东区

276 735 万 m³,湖西区 430 957 万 m³,各县(市、区)总供水能力见表 2-10、图 2-30、图 2-31。

表 2-10 2010 年南四湖流域各县(市、区)总供水能力统计　　　(单位:万 m³)

水资源分区	行政区	年供水能力				
		蓄水工程	引水工程	取水工程	机电井	合计
湖东济宁	市中区	0	0	20 510	4 306	24 816
	任城区	0	0	5 809	15 797	21 606
	微山县	25	505	12 600	3 500	16 630
	汶上县	89	11 573	9	17 013	28 684
	泗水县	12 248	0	721	2 344	15 313
	曲阜市	8 426	4 530	1 102	13 576	27 634
	兖州市	0	130	52	17 287	17 469
	邹城市	10 094	36	1 776	11 954	23 860
湖东泰安	宁阳县	6 675	19 000	120	18 981	44 776
湖东枣庄	薛城区	889	1 630	1 630	5 165	9 314
	滕州市	2 428	2 194	1 661	22 961	29 244
	山亭区	16 222	0	305	863	17 390
湖西济宁	鱼台县	0	0	30 785	7 853	38 638
	金乡县	0	0	5 147	17 074	22 221
	嘉祥县	0	0	8 253	17 204	25 457
	梁山县	0	12 608	380	7 226	20 214
湖西菏泽	牡丹区	1 690	23 100	4 200	13 235	42 225
	单县	10 400	0	2 000	15 150	27 550
	曹县	2 551	0	100	10 770	13 421
	成武县	2 044	0	1 400	14 207	17 651
	定陶县	0	0	1 000	9 370	10 370
	郓城县	0	15 389	6 620	11 100	33 109
	鄄城县	1 530	18 000	680	83 617	103 827
	巨野县	0	0	2 650	21 416	24 066
	东明县	0	28 043	3 000	21 165	52 208
按水资源分区合计	湖东区	57 096	39 598	46 294	133 747	276 735
	湖西区	18 215	97 140	66 215	249 387	430 957
	流域	75 311	136 738	112 509	383 134	707 692
	沿湖受水区	914	2 135	71 334	36 621	111 004

续表 2-10

水资源分区	行政区	年供水能力				
		蓄水工程	引水工程	取水工程	机电井	合计
按行政区合计	济宁市	30 882	29 382	87 143	135 134	282 541
	枣庄市	19 539	3 824	3 596	28 989	55 948
	菏泽市	18 215	84 532	21 650	200 030	324 427
	泰安市	6 675	19 000	120	18 981	44 776

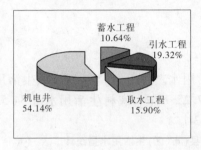 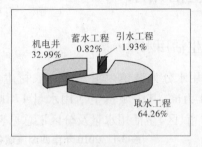

(a)流域　　　　　　　　　　(b)沿湖受水区

图 2-30　山东省南四湖流域 2010 年各类工程总供水能力构成

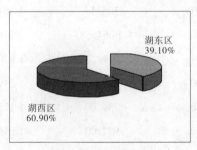 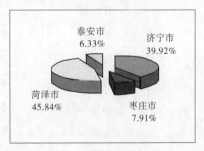

(a)湖东、湖西区　　　　　　　　　(b)行政区

图 2-31　山东省南四湖流域 2010 年各分区总供水能力构成

由表 2-10 看出,山东省南四湖流域中鄄城县供水能力最大,为 103 827 万 m³,薛城区最小为 9 314 万 m³。由图 2-30 看到,流域总供水能力中机电井所占比例最大,为 54.14%;其次为引水工程,占 19.32%;再次为取水工程,占 15.90%;最后为蓄水工程,占 10.64%。在沿湖受水区中取水工程供水能力所占比例最大,为 64.26%;其次为机电井,占 32.99%;引水工程仅占 1.93%;蓄水工程最小,占 0.82%。由图 2-31 可知,在流域总供水能力中湖西区所占比例最大,为 60.9%,湖东区占 39.10%。从各地区看,菏泽市供水能力最大,占总流域的 45.84%;其次为济宁市,占 39.92%;第三为枣庄市,占 7.91%;最后为泰安市,占 6.33%。

第 3 章 流域用水现状分析

流域用水分生活用水、生产用水及生态用水三大类,按水资源分区及行政分区分别进行统计分析。

3.1 生活用水

3.1.1 生活用水量

生活用水分为城镇生活用水和农村生活用水。2010 年南四湖流域生活用水总量 51 544.21 万 m³,其中城镇生活用水量 17 007.25 万 m³,农村生活用水量 34 536.96 万 m³,各县(市、区)生活用水量及分区汇总见表 3-1。

表 3-1 2010 年南四湖流域各县(市、区)生活用水量统计 (单位:万 m³)

水资源分区	行政区	城镇生活用水量	农村生活用水量	合计
湖东济宁	市中区	994.86	609.43	1 604.29
	任城区	1 156.65	305.14	1 461.79
	微山县	671.80	2 064.58	2 736.38
	汶上县	370.84	1 499.21	1 870.05
	泗水县	442.00	807.00	1 249.00
	曲阜市	440.60	734.60	1 175.20
	兖州市	678.50	977.00	1 655.50
	邹城市	1 832.00	2 057.00	3 889.00
湖东泰安	宁阳县	718.00	1 432.00	2 150.00
湖东枣庄	薛城区	610.00	1 080.00	1 690.00
	滕州市	1 461.00	3 410.00	4 871.00
	山亭区	230.00	1 277.00	1 507.00
湖西济宁	鱼台县	340.00	650.00	990.00
	金乡县	294.00	1 767.00	2 061.00
	嘉祥县	330.00	1 195.00	1 525.00
	梁山县	355.00	1 401.00	1 756.00

续表 3-1

水资源分区	行政区	城镇生活用水量	农村生活用水量	合计
湖西菏泽	牡丹区	2 003.00	1 825.00	3 828.00
	单县	900.00	2 100.00	3 000.00
	曹县	823.00	1 998.00	2 821.00
	成武县	400.00	900.00	1 300.00
	定陶县	278.00	999.00	1 277.00
	郓城县	395.00	1 610.00	2 005.00
	鄄城县	311.00	1 127.00	1 438.00
	巨野县	560.00	1 240.00	1 800.00
	东明县	412.00	1 472.00	1 884.00
按水资源分区合计	湖东区	9 606.25	16 252.96	25 859.21
	湖西区	7 401.00	18 284.00	25 685.00
	流　域	17 007.25	34 536.96	51 544.21
	沿湖受水区	3 773.31	4 709.15	8 482.46
按行政区合计	济宁市	7 906.25	14 066.96	21 973.21
	枣庄市	2 301.00	5 767.00	8 068.00
	菏泽市	6 082.00	13 271.00	19 353.00
	泰安市	718.00	1 432.00	2 150.00

3.1.2　生活用水分析

由表 3-1,南四湖流域各县(市、区)、湖东、湖西区及各行政区 2010 年地表水各水源类型供水比例见图 3-1～图 3-5。

由表 3-1 看到,2010 年生活用水量中山东省南四湖流域滕州市最大,为 4 871.00 万 m³。由图 3-1 看到,流域生活用水量中农村生活用水占的比例比城市大,从全流域看农村生活用水占 67.00%,湖东区农村生活用水占 62.85%、湖西区农村生活用水占 71.19%,沿湖受水区农村生活用水量占 55.52%。从图 3-2、图 3-3 看到,生活用水量湖西区占总量的 49.83%,

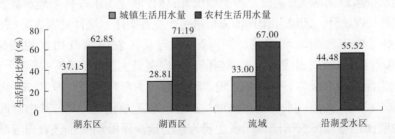

图 3-1　各水资源分区城镇水资源分区及农村生活用水比例

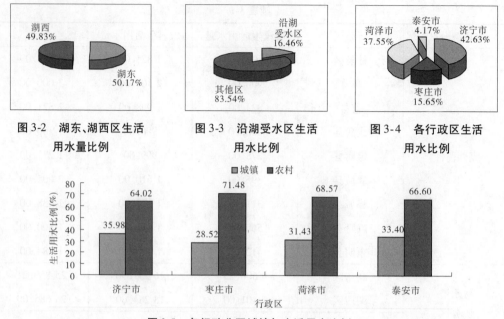

图3-2　湖东、湖西区生活
用水量比例

图3-3　沿湖受水区生活
用水比例

图3-4　各行政区生活
用水比例

图3-5　各行政分区城镇与生活用水比例

湖东区占50.17%,沿湖受水区占全流域的16.46%。从图3-4看到,从流域的4个行政区看,济宁市的生活用水量最大,占42.63%;其次为菏泽市,占37.55%;枣庄市占15.65%,泰安市最小,占4.17%。

从图3-5看到,各行政区农村生活用水比例均超过60%,以枣庄市最大为71.48%,说明流域生活用水量主要为农村生活用水。

3.2　生产用水

生产用水按三次产业分别统计如下。

3.2.1　第一产业用水

第一产业用水包括农田灌溉用水和林牧渔业用水。2010年南四湖流域第一产业用水量为430 420.58万 m^3 ,其中农田灌溉用水382 850.19万 m^3 ,林牧渔业用水47 570.39万 m^3 。农田灌溉用水按水田、水浇地、菜田三种类型统计,林牧渔业用水按林果地灌溉、鱼塘补水、牲畜用水三种情况统计。2010年南四湖流域第一产业各类用水统计见表3-2~表3-4。

由表3-2绘制南四湖流域湖东与湖西区、各行政区农田灌溉用水构成见图3-6~图3-8。可以看到,流域农田灌溉用水湖西区占的比例最大为64.40%;从4个行政区看,济宁市的农田灌溉用水最多,占总量的50.95%;其次为菏泽市,占39.81%;从用水构成看,整个流域及湖东、湖西区水浇地用水量均接近或超过总量的60%,其中湖西区最大为72.47%,说明南四湖流域农田灌溉用水主要为水浇地。而沿湖受水区农田灌溉用水主要为水田,占总量的50.55%。

表 3-2 2010 年南四湖流域农田灌溉用水量统计 （单位:万 m³）

水资源分区	行政区	农田灌溉用水量				
		水田	水浇地	菜田	合计	其中地下水
湖东济宁	市中区	10 388.02	593.98	125.47	11 107.47	1 114.27
	任城区	293.13	8 455.80	1 104.00	9 852.93	5 235.33
	微山县	2 637.00	13 849.00	4 571.29	21 057.29	2 501.58
	汶上县		9 789.27	1 197.70	10 986.97	8 073.97
	泗水县		2 153.00	450.00	2 603.00	618.00
	曲阜市		6 568.20	2 850.82	9 419.02	6 773.22
	兖州市		13 695.85	4 560.00	18 255.85	3 653.38
	邹城市		13 017.11	4 640.00	17 657.11	7 393.00
湖东泰安	宁阳县		11 095.00	3 120.00	14 215.00	7 707.00
湖东枣庄	薛城区		2 247.00	190.00	2 437.00	1 058.00
	滕州市		7 391.00	9 100.00	16 491.00	9 597.00
	山亭区		1 450.00	780.00	2 230.00	700.00
湖西济宁	鱼台县	24 447.00	5 801.00		30 248.00	5 801.00
	金乡县	325.00	6 844.60	13 380.10	20 549.70	7 677.03
	嘉祥县	2 040.60	13 619.00		15 659.60	7 631.00
	梁山县		24 460.59	3 200.66	27 661.25	7 815.37
湖西菏泽	牡丹区	660.00	18 133.00	4 342.00	23 135.00	9 535.00
	单县		14 400.00	5 300.00	19 700.00	8 700.00
	曹县	166.00	17 672.00	670.00	18 508.00	9 982.00
	成武县		11 770.00	1 400.00	13 170.00	5 970.00
	定陶县		9 336.00	1 257.00	10 593.00	3 632.00
	郓城县		19 155.00	1 223.00	20 378.00	5 810.00
	鄄城县		12 281.00	2 704.00	14 985.00	172.00
	巨野县	300.00	13 258.00	4 362.00	17 920.00	9 400.00
	东明县	1 440.00	11 942.00	648.00	14 030.00	6 301.00
按水资源分区合计	湖东区	13 318.15	90 305.21	32 689.28	136 312.64	54 424.75
	湖西区	29 378.60	178 672.19	38 486.76	246 537.55	88 426.40
	流域	42 696.75	268 977.40	71 176.04	382 850.19	142 851.15
	沿湖受水区	37 765.15	30 946.78	5 990.76	74 702.69	15 710.18
按行政区合计	济宁市	40 130.75	118 847.40	36 080.04	195 058.19	64 287.15
	枣庄市	0	11 088.00	10 070.00	21 158.00	11 355.00
	菏泽市	2 566.00	127 947.00	21 906.00	152 419.00	59 502.00
	泰安市	0	11 095.00	3 120.00	14 215.00	7 707.00

表 3-3 2010 年南四湖流域林木渔业用水量统计 （单位：万 m³）

水资源分区	行政区	林牧渔业用水量				
		林果地灌溉	鱼塘补水	牲畜用水	合计	其中地下水
湖东济宁	市中区	76.44		161.80	238.24	238.24
	任城区	442.00	2 227.50	233.78	2 903.28	875.62
	微山县	50.00	337.20	223.45	610.65	610.65
	汶上县	57.00	396.00	488.06	941.06	941.06
	泗水县	390.00	206.53	464.00	1 060.53	206.00
	曲阜市	539.92	929.80	427.86	1 897.58	1 746.60
	兖州市	1 754.00	200.00	260.00	2 214.00	460.00
	邹城市	937.00	607.00	699.00	2 243.00	1 200.00
湖东泰安	宁阳县	862.00	1 200.00	568.00	2 630.00	1 578.00
湖东枣庄	薛城区	518.00	80.00	160.00	758.00	58.00
	滕州市	500.00	900.00	455.00	1 855.00	825.00
	山亭区	960.00	400.00	130.00	1 490.00	300.00
湖西济宁	鱼台县		1 463.00	350.00	1 813.00	350.00
	金乡县	175.80	408.00	185.00	768.80	477.00
	嘉祥县	130.00		420.00	550.00	410.00
	梁山县	263.16	189.09	413.00	865.25	623.13
湖西菏泽	牡丹区	432.00	950.00	911.00	2 293.00	1 542.00
	单县	3 100.00	1 100.00	1 200.00	5 400.00	2 300.00
	曹县	1 625.00	1 430.00	1 156.00	4 211.00	2 853.00
	成武县	400.00		700.00	1 100.00	1 100.00
	定陶县	458.00	957.00	613.00	2 028.00	1 186.00
	郓城县	1 271.00	1 778.00	1 188.00	4 237.00	2 371.00
	鄄城县	580.00		636.00	1 216.00	655.00
	巨野县	880.00	650.00	800.00	2 330.00	1 860.00
	东明县	215.00	950.00	752.00	1 917.00	1 341.00
按水资源分区合计	湖东区	7 086.36	7 484.03	4 270.95	18 841.34	9 039.17
	湖西区	9 529.96	9 875.09	9 324.00	28 729.05	17 068.13
	流域	16 616.32	17 359.12	13 594.95	47 570.39	26 107.30
	沿湖受水区	1 086.44	4 107.70	1 129.03	6 323.17	2 132.51
按行政区合计	济宁市	4 815.32	6 964.12	4 325.95	16 105.39	8 138.30
	枣庄市	1 978.00	1 380.00	745.00	4 103.00	1 183.00
	菏泽市	8 961.00	7 815.00	7 956.00	24 732.00	15 208.00
	泰安市	862.00	1 200.00	568.00	2 630.00	1 578.00

表 3-4　2010 年南四湖流域第一产业用水量统计　　　（单位:万 m³）

水资源分区	行政区	农田灌溉用水量	林牧渔业用水量	第一产业总用水量
湖东济宁	市中区	11 107.47	238.24	11 345.71
	任城区	9 852.93	2 903.28	12 756.21
	微山县	21 057.29	610.65	21 667.94
	汶上县	10 986.97	941.06	11 928.03
	泗水县	2 603.00	1 060.53	3 663.53
	曲阜市	9 419.02	1 897.58	11 316.60
	兖州市	18 255.85	2 214.00	20 469.85
	邹城市	17 657.11	2 243.00	19 900.11
湖东泰安	宁阳县	14 215.00	2 630.00	16 845.00
湖东枣庄	薛城区	2 437.00	758.00	3 195.00
	滕州市	16 491.00	1 855.00	18 346.00
	山亭区	2 230.00	1 490.00	3 720.00
湖西济宁	鱼台县	30 248.00	1 813.00	32 061.00
	金乡县	20 549.70	768.80	21 318.50
	嘉祥县	15 659.60	550.00	16 209.60
	梁山县	27 661.25	865.25	28 526.50
湖西菏泽	牡丹区	23 135.00	2 293.00	25 428.00
	开发区	0	0	0
	单县	19 700.00	5 400.00	25 100.00
	曹县	18 508.00	4 211.00	22 719.00
	成武县	13 170.00	1 100.00	14 270.00
	定陶县	10 593.00	2 028.00	12 621.00
	郓城县	20 378.00	4 237.00	24 615.00
	鄄城县	14 985.00	1 216.00	16 201.00
	巨野县	17 920.00	2 330.00	20 250.00
	东明县	14 030.00	1 917.00	15 947.00
按水资源分区合计	湖东区	136 312.64	18 841.34	155 153.98
	湖西区	246 537.55	28 729.05	275 266.60
	流域	382 850.19	47 570.39	430 420.58
	沿湖受水区	74 702.69	6 323.17	81 025.86
按行政区合计	济宁市	195 058.19	16 105.39	211 163.58
	枣庄市	21 158.00	4 103.00	25 261.00
	菏泽市	152 419.00	24 732.00	177 151.00
	泰安市	14 215.00	2 630.00	16 845.00

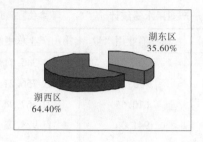
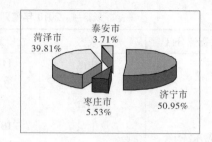

图 3-6　湖东、湖西区农田灌溉用水量比例　　　　图 3-7　流域各行政区农田灌溉用水构成

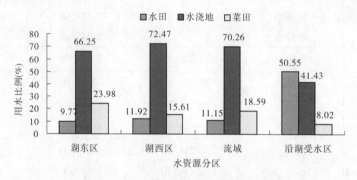

图 3-8　流域各分区农田灌溉用水构成

由表 3-3 绘制南四湖流域湖东与湖西区、各行政区林牧渔业用水构成见图 3-9、图 3-10。可以看到,流域林牧渔业用水湖西区占的比例最大,为 60.39%;从 4 个行政区看,菏泽市的林牧渔业用水最多,占总量的 51.98%;其次为济宁市,占 33.86%;从用水构成看,整个流域林果灌溉、鱼塘用水相差不大,所占比例分别为 34.93%、36.49% 和 28.58%;从湖东区看林果灌溉、鱼塘用水相差不大,分别为 37.61%、39.72%;从湖西区看,林果灌溉、鱼塘及牲畜用水相差不大,分别为 33.18%、34.37%、32.45%;而沿湖受水区主要为鱼塘补水,占总量的 64.96%。

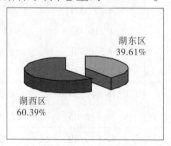
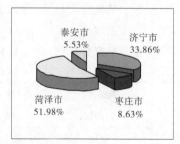

图 3-9　湖东区、湖西区、各行政区林牧渔业用水量比例

由表 3-4 绘制南四湖流域各县(市、区)第一产业用水直方图,湖东与湖西区、各行政区第一产业用水构成如图 3-11 ~ 图 3-14 所示。从表 3-4 看到,山东省南四湖流域中鱼台县第一产业用水量最大为 32 061.00 万 m³。从图 3-11 看到,第一产业用水湖西区占的比例最大,为 63.95%。从图 3-12 看,济宁市第一产业用水最多,占总量的 49.06%;其次为

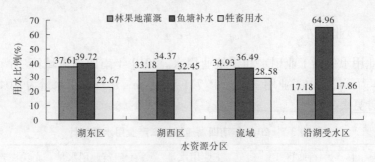

图 3-10 流域各分区林牧渔业用水构成

菏泽市,占 41.16%。从图 3-13、图 3-14 用水构成看,流域第一产业以农田灌溉为主,流域、湖东、湖西、沿湖受水区及各行政区农田灌溉用水比例均超过 80%。

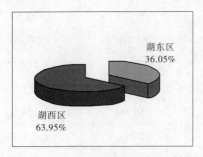

图 3-11 湖东、湖西区第一产业用水量比例

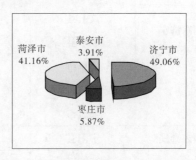

图 3-12 流域各行政区第一产业用水比例

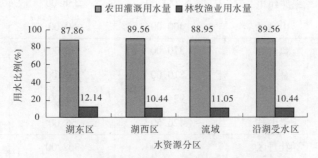

图 3-13 流域各水资源分区第一产业用水构成

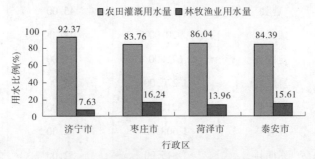

图 3-14 流域各行政区第一产业用水构成

3.2.2 第二产业用水

第二产业用水包括工业用水和建筑业用水。2010 年南四湖流域第二产业总用水量为 48 755.53 万 m^3,其中工业用水量为 45 711.80 万 m^3,建筑业用水量为 3 043.73 万 m^3,各类用水统计见表 3-5。

表 3-5　2010 年南四湖流域第二产业用水量统计　　　　（单位:万 m^3）

水资源分区	行政区	工业用水量	建筑业用水量	第二产业总用水量
湖东济宁	市中区	3 530.18	32.00	3 562.18
	任城区	3 477.00	80.00	3 557.00
	微山县	2 107.26	105.00	2 212.26
	汶上县	751.86	137.73	889.59
	泗水县	890.00	82.00	972.00
	曲阜市	1 132.00	87.00	1 219.00
	兖州市	2 385.00	298.00	2 683.00
	邹城市	5 076.00	150.00	5 226.00
湖东泰安	宁阳县	1 265.00	226.00	1 491.00
湖东枣庄	薛城区	745.00	320.00	1 065.00
	滕州市	8 784.00	338.00	9 122.00
	山亭区	400.00	60.00	460.00
湖西济宁	鱼台县	370.00	30.00	400.00
	金乡县	810.00	130.00	940.00
	嘉祥县	924.00	40.00	964.00
	梁山县	426.50	56.00	482.50
湖西菏泽	牡丹区	3 058.00	362.00	3 420.00
	单县	1 400.00	100.00	1 500.00
	曹县	1 370.00	45.00	1 415.00
	成武县	920.00	100.00	1 020.00
	定陶县	676.00	45.00	721.00
	郓城县	1 270.00	58.00	1 328.00
	鄄城县	521.00	28.00	549.00
	巨野县	1 608.00	82.00	1 690.00
	东明县	1 815.00	52.00	1 867.00

续表 3-5

水资源分区	行政区	工业用水量	建筑业用水量	第二产业总用水量
按水资源 分区合并	湖东区	30 543.30	1 915.73	32 459.03
	湖西区	15 168.50	1 128.00	16 296.50
	流域	45 711.80	3 043.73	48 755.53
	沿湖受水区	15 337.20	836.04	16 173.24
行政区 合并	济宁市	21 879.80	1 227.73	23 107.53
	枣庄市	9 929.00	718.00	10 647.00
	菏泽市	12 638.00	872.00	13 510.00
	泰安市	1 265.00	226.00	1 491.00

由表 3-5 绘制各县(市、区)2010 年湖东与湖西区、各行政区第二产业用水构成见图 3-15~图 3-17。由表 3-5 可以看到,滕州市第二产业用水量最大,为 9 122.00 万 m³。从图 3-15 看到,第二产业用水湖东区占的比例最大,为 66.58%。从图 3-16 看,济宁市最多,占总量的 47.39%;其次为菏泽市,占 27.71%。从图 3-17 用水构成看,流域第二产业以工业用水为主,流域、湖东、湖西、沿湖受水区工业用水比例均超过 90%。

图 3-15　湖东、湖西区第二产业用水量比例　　　图 3-16　流域各行政区第二产业用水比例

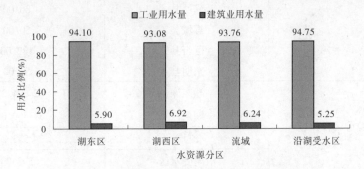

图 3-17　流域各水资源分区第二产业用水构成

3.2.3　第三产业用水

第三产业用水包括商饮业、服务业等用水。2010 年南四湖流域第三产业用水量为

4 553.27 万 m^3，具体情况见表3-6。

表 3-6　2010 年南四湖流域第三产业用水量统计　　　　（单位:万 m^3）

水资源分区	行政区	第三产业用水量
湖东济宁	市中区	230. 94
	任城区	70. 00
	微山县	128. 00
	汶上县	101. 33
	泗水县	75. 00
	曲阜市	93. 00
	兖州市	214. 00
	邹城市	360. 00
湖东泰安	宁阳县	320. 00
湖东枣庄	薛城区	60. 00
	滕州市	972. 00
	山亭区	70. 00
湖西济宁	鱼台县	110. 00
	金乡县	161. 00
	嘉祥县	135. 00
	梁山县	100. 00
湖西菏泽	牡丹区	455. 00
	单县	200. 00
	曹县	127. 00
	成武县	200. 00
	定陶县	60. 00
	郓城县	86. 00
	鄄城县	50. 00
	巨野县	122. 00
	东明县	53. 00
按水资源分区合并	湖东区	2 694. 27
	湖西区	1 859. 00
	流域	4 553. 27
	沿湖受水区	598. 94
按行政区合计	济宁市	1 778. 27
	枣庄市	1 102. 00
	菏泽市	1 353. 00
	泰安市	320. 00

从表 3-6 看到,滕州市第三产业用水量最大,为 972.00 万 m³。图 3-18、图 3-19 为南四湖流域不同分区 2010 年第三产业用水量比例。从图中看到,湖东区第三产业用水占 59.17%,湖西区占 40.83%。从行政区看,济宁市第三产业用水量最大,占 39.05%;其次为菏泽市,占 29.71%;枣庄市占 24.21%;泰安市最少,仅占 7.03%。

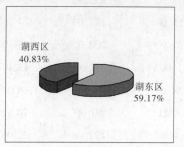

图 3-18 湖东、湖西区第三产业用水量比例

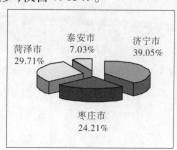

图 3-19 流域各行政区第三产业用水比例

3.2.4 生产用水合计

由表 3-4 ~ 表 3-6 可见,2010 年南四湖流域生产用水为 483 729.38 万 m³,其中第一、第二、第三产业用水量分别为 430 420.58 万 m³、48 755.53 万 m³、4 553.27 万 m³,具体情况见表 3-7。

表 3-7 2010 年南四湖流域生产用水量统计 （单位:万 m³)

水资源分区	行政区	第一产业用水量	第二产业用水量	第三产业用水量	生产用水总量
湖东济宁	市中区	11 345.71	3 562.18	230.94	15 138.83
	任城区	12 756.21	3 557.00	70.00	16 383.21
	微山县	21 667.94	2 212.26	128.00	24 008.20
	汶上县	11 928.03	889.59	101.33	12 918.95
	泗水县	3 663.53	972.00	75.00	4 710.53
	曲阜市	11 316.60	1 219.00	93.00	12 628.60
	兖州市	20 469.85	2 683.00	214.00	23 366.85
	邹城市	19 900.11	5 226.00	360.00	25 486.11
湖东泰安	宁阳县	16 845.00	1 491.00	320.00	18 656.00
湖东枣庄	薛城区	3 195.00	1 065.00	60.00	4 320.00
	滕州市	18 346.00	9 122.00	972.00	28 440.00
	山亭区	3 720.00	460.00	70.00	4 250.00
湖西济宁	鱼台县	32 061.00	400.00	110.00	32 571.00
	金乡县	21 318.50	940.00	161.00	22 419.50
	嘉祥县	16 209.60	964.00	135.00	17 308.60
	梁山县	28 526.50	482.50	100.00	29 109.00

续表 3-7

水资源分区	行政区	第一产业用水量	第二产业用水量	第三产业用水量	生产用水总量
湖西菏泽	牡丹区	25 428.00	3 420.00	455.00	29 303.00
	单县	25 100.00	1 500.00	200.00	26 800.00
	曹县	22 719.00	1 415.00	127.00	24 261.00
	成武县	14 270.00	1 020.00	200.00	15 490.00
	定陶县	12 621.00	721.00	60.00	13 402.00
	郓城县	24 615.00	1 328.00	86.00	26 029.00
	鄄城县	16 201.00	549.00	50.00	16 800.00
	巨野县	20 250.00	1 690.00	122.00	22 062.00
	东明县	15 947.00	1 867.00	53.00	17 867.00
按水资源分区合计	湖东区	155 153.98	32 459.03	2 694.27	190 307.28
	湖西区	275 266.60	16 296.50	1 859.00	293 422.10
	流域	430 420.58	48 755.53	4 553.27	483 729.38
	沿湖受水区	81 025.86	6 173.24	598.94	92 421.24
按行政区合计	济宁市	211 163.58	23 107.53	1 778.27	236 049.38
	枣庄市	25 261.00	10 647.00	1 102.00	37 010.00
	菏泽市	177 151.00	13 510.00	1 353.00	192 014.00
	泰安市	16 845.00	1 491.00	320.00	18 656.00

从表 3-7 看到,山东省南四湖流域鱼台县生产用水量最大,为 32 571.00 万 m³。图 3-20～图 3-24 为南四湖流域不同分区 2010 年生产用水量比例,从图中看到,沿湖受水区生产用水仅占总用水量的 19.11%;湖西区生产用水占 60.66% 大于湖东区的 39.34%。从图 3-23 看到,全流域生产用水中以第一产业用水量最大,占 88.98%;其次为第二产业,占 10.08%;第三产业仅占 0.94%。湖西区第一产业用水比例超过 90%,其他区超过 80%。从行政区看,济宁市生产用水最大占 48.80%;其次为菏泽市,占 39.69%;枣庄市占 7.65%;泰安市最少,仅占 3.86%,而且各行政区第一产业用水比例最大。

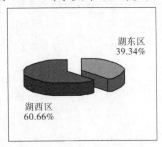

图 3-20　湖东、湖西区生产
用水量比例

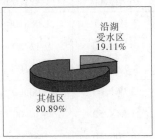

图 3-21　沿湖受水区
用水比例

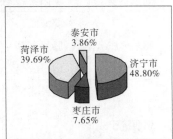

图 3-22　流域各行政区生产
用水比例

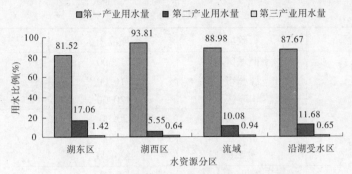

图 3-23　流域各水资源分区三次产业用水比例

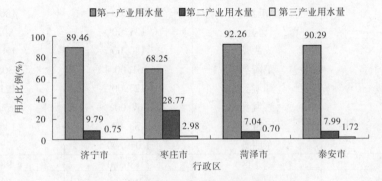

图 3-24　流域各行政区三次产业用水比例

3.3　生态用水

生态用水是指为维持生态与环境功能和进行生态环境建设所需要的最小用水量。2010 年南四湖流域生态用水总量为 7 091.00 万 m^3,其中使用地下水为 3 002.00 万 m^3,具体情况见表 3-8。

表 3-8　2010 年南四湖流域生态用水量统计　　　　　（单位:万 m^3）

水资源分区	行政区	生态环境用水量	其中地下水
湖东济宁	市中区	405.00	405.00
	任城区	239.00	239.00
	微山县	230.00	230.00
	汶上县	86.00	86.00
	泗水县	30.00	30.00
	曲阜市	181.00	181.00
	兖州市	85.00	85.00
	邹城市	352.00	150.00
湖东泰安	宁阳县	180.00	

续表 3-8

水资源分区	行政区	生态环境用水量	其中地下水
湖东枣庄	薛城区	512.00	0
	滕州市	716.00	536.00
	山亭区	120.00	40.00
湖西济宁	鱼台县	20.00	0
	金乡县	90.00	0
	嘉祥县	235.00	235.00
	梁山县	35.00	35.00
湖西菏泽	牡丹区	966.00	121.00
	单县	905.00	100.00
	曹县	131.00	80.00
	成武县	120.00	120.00
	定陶县	61.00	30.00
	郓城县	123.00	123.00
	鄄城县	67.00	67.00
	巨野县	153.00	106.00
	东明县	1 049.00	3.00
按水资源分区合计	湖东区	3 136.00	1 982.00
	湖西区	3 955.00	1 020.00
	流域	7 091.00	3 002.00
	沿湖受水区	1 406.00	874.00
按行政区合计	济宁市	1 988.00	1 676.00
	枣庄市	1 348.00	576.00
	菏泽市	3 575.00	750.00
	泰安市	180.00	0

从表 3-8 看到,山东省南四湖流域东明县生态用水量最大,为 1 049.00 万 m³;图 3-25、图 3-26 为南四湖流域不同分区 2010 年生态用水量比例,从图 3-25 看到,湖西区生态用水占 55.77%,大于湖东区的 44.23%。从图 3-26 看到,菏泽市生态用水最大,占 50.41%;其次为济宁市,占 28.04%;枣庄市占 19.01;泰安市最少仅占 2.54%。

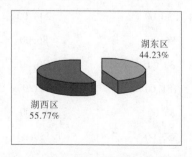

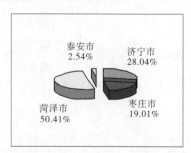

图 3-25　湖东、湖西区生态用水量比例　　　　图 3-26　各行政区生态用水比例

3.4 总用水量

2010 年南四湖流域总用水量为 542 364.59 万 m³,其中生活用水量 51 544.21 万 m³,生产用水量 483 729.38 万 m³,生态环境用水量 7 091.00 万 m³,具体情况见表 3-9。

表 3-9 2010 年南四湖流域总用水量统计 （单位:万 m³）

水资源分区	行政区	生活用水量	生产用水量	生态环境用水量	合计
湖东济宁	市中区	1 604.29	15 138.83	405.00	17 148.12
	任城区	1 461.79	16 383.21	239.00	18 084.00
	微山县	2 736.38	24 008.20	230.00	26 974.58
	汶上县	1 870.05	12 918.95	86.00	14 875.00
	泗水县	1 249.00	4 710.53	30.00	5 989.53
	曲阜市	1 175.20	12 628.60	181.00	13 984.80
	兖州市	1 655.50	23 366.85	85.00	25 107.35
	邹城市	3 889.00	25 486.11	352.00	29 727.11
湖东泰安	宁阳县	2 150.00	18 656.00	180.00	20 986.00
湖东枣庄	薛城区	1 690.00	4 320.00	512.00	6 522.00
	滕州市	4 871.00	28 440.00	716.00	34 027.00
	山亭区	1 507.00	4 250.00	120.00	5 877.00
湖西济宁	鱼台县	990.00	32 571.00	20.00	33 581.00
	金乡县	2 061.00	22 419.50	90.00	24 570.50
	嘉祥县	1 525.00	17 308.60	235.00	19 068.60
	梁山县	1 756.00	29 109.00	35.00	30 900.00
湖西菏泽	牡丹区	3 828.00	29 303.00	966.00	34 097.00
	单县	3 000.00	26 800.00	905.00	30 705.00
	曹县	2 821.00	24 261.00	131.00	27 213.00
	成武县	1 300.00	15 490.00	120.00	16 910.00
	定陶县	1 277.00	13 402.00	61.00	14 740.00
	郓城县	2 005.00	26 029.00	123.00	28 157.00
	鄄城县	1 438.00	16 800.00	67.00	18 305.00
	巨野县	1 800.00	22 062.00	153.00	24 015.00
	东明县	1 884.00	17 867.00	1 049.00	20 800.00

续表 3-9

水资源分区	行政区	生活用水量	生产用水量	生态环境用水量	合计
按水资源 分区合计	湖东区	25 859.21	190 307.28	3 136.00	219 302.49
	湖西区	25 685.00	293 422.10	3 955.00	323 062.10
	流域	51 544.21	483 729.38	7 091.00	542 364.59
	沿湖受水区	8 482.46	92 421.24	1 406.00	102 309.70
按行政区 合计	济宁市	21 973.21	236 049.38	1 988.00	260 010.59
	枣庄市	8 068.00	37 010.00	1 348.00	46 426.00
	菏泽市	19 353.00	192 014.00	3 575.00	214 942.00
	泰安市	2 150.00	18 656.00	180.00	20 986.00

　　从表 3-9 看到,山东省南四湖流域菏泽市牡丹区用水量最大,为 34 097.00 万 m³;其次为滕州市,为 34 027.00 万 m³。图 3-27~图 3-29 为南四湖流域不同分区 2010 年用水量比例及构成,从图 3-27 看到,湖西区用水占 59.57% 大于湖东区的 40.43%,沿湖受水区用水仅占流域的 18.86%。从行政区看,济宁市用水量最大,占 47.94%;其次为菏泽市,占 39.63%;枣庄市占 8.56%;泰安市最少,仅占 3.87%。从图 3-28、图 3-29 看到,各水资源分区、行政区生产用水量占的比例最大,其次为生活用水,生态用水所占比例较少。全流域生产用水量占 89.19%,生活用水量占 9.50%,生态水量仅占 1.31%。

  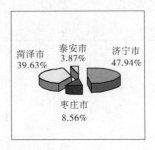

图 3-27　2010 年南四湖流域各区用水量比例

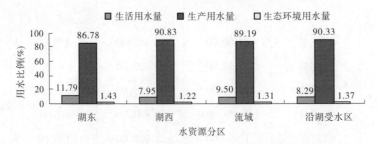

图 3-28　2010 年南四湖流域各水资源区用水量构成

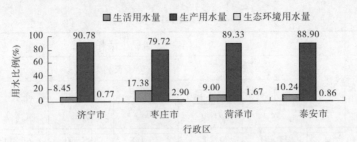

图 3-29　2010 年南四湖流域各行政区用水量构成

3.5　耗水分析

用水消耗量(简称耗水量)是输水、用水过程中因蒸腾蒸发、土壤吸收、产品带走、居民及牲畜饮用等多种途径消耗,不能回归地表水体或地下含水层的水量。用水消耗包括生活耗水、生产耗水和生态耗水三种类型。

3.5.1　生活耗水

2010 年南四湖流域生活耗水量为 29 519.51 万 m³,其中城镇生活耗水量为 5 234.10万 m³,农村生活耗水量为 24 285.41 万 m³,具体情况见表 3-10。

表 3-10　2010 年南四湖流域生活耗水量统计

水资源分区	行政区	居民生活耗水量					
		城镇		农村		合计	
		耗水率 (%)	耗水量 (万 m³)	耗水率 (%)	耗水量 (万 m³)	耗水率 (%)	耗水量 (万 m³)
湖东济宁	市中区	24.00	233.79	85.70	523.28	66.65	757.07
	任城区	22.00	254.46	76.30	233.82	48.00	488.28
	微山县	25.00	167.95	75.00	1 548.44	70.11	1 716.39
	汶上县	25.00	93.71	75.00	1 124.41	71.15	1 218.12
	泗水县	26.00	114.92	74.00	597.18	66.25	712.10
	曲阜市	25.00	110.15	45.00	330.57	40.00	440.72
	兖州市	25.00	169.60	70.00	683.90	61.06	853.50
	邹城市	25.00	458.00	75.00	1 543.00	63.56	2 001.00
湖东泰安	宁阳县	40.00	287.20	65.00	930.80	59.11	1 218.00
湖东枣庄	薛城区	18.00	103.51	25.00	198.44	22.60	301.95
	滕州市	18.00	310.53	25.00	595.32	22.60	905.85
	山亭区	18.00	207.02	25.00	396.88	22.60	603.90

续表 3-10

水资源分区	行政区	居民生活耗水量					
		城镇		农村		合计	
		耗水率（%）	耗水量（万 m³）	耗水率（%）	耗水量（万 m³）	耗水率（%）	耗水量（万 m³）
湖西济宁	鱼台县	27.00	91.12	75.00	487.50	67.44	578.62
	金乡县	21.00	61.74	76.00	1 343.92	73.58	1 405.66
	嘉祥县	28.00	93.40	75.00	896.25	70.56	989.65
	梁山县	20.00	71.00	70.00	980.70	66.62	1 051.70
湖西菏泽	牡丹区	40.00	801.00	90.00	1 643.00	73.61	2 444.00
	单县	40.00	360.00	80.00	1 680.00	72.94	2 040.00
	曹县	40.00	329.00	90.00	1 798.00	82.27	2 127.00
	成武县	49.00	196.00	85.00	765.00	77.66	961.00
	定陶县	32.00	89.00	90.00	899.00	84.78	988.00
	郓城县	37.00	146.00	90.00	1 449.00	85.15	1 595.00
	鄄城县	40.00	124.00	100.00	1 127.00	94.05	1 251.00
	巨野县	35.00	196.00	92.00	1 141.00	83.64	1 337.00
	东明县	40.00	165.00	93.00	1 369.00	87.30	1 534.00
按水资源分区合计	湖东区	27.54	2 510.84	54.00	8 706.04	47.52	11 216.88
	湖西区	16.21	2 723.26	54.67	15 579.37	48.94	18 302.63
	流域	21.88	5 234.10	54.33	24 285.41	48.58	29 519.51
	沿湖受水	23.20	850.83	67.40	2 991.48	54.96	3 842.31
按行政区合计	济宁市	24.31	1 919.84	73.00	10 292.97	65.45	12 212.81
	枣庄市	18.00	621.06	25.00	1 190.64	22.60	1 811.70
	菏泽市	24.63	2 406.00	90.00	11 871.00	78.98	14 277.00
	泰安市	40.00	287.20	65.00	930.80	59.11	1 218.00

图 3-30 为 2010 年南四湖流域各区耗水量比例，可以看到，流域中湖西区耗水量最大，占 62.00%，湖东区占 38.00%。从行政区看，菏泽市耗水量最大，占 48.36%；其次为济宁市，占 41.37%；枣庄市为 6.14%；泰安市最小，为 4.13%。

图 3-31 为 2010 年南四湖流域各区耗水量构成，可以看到，农村居民耗水量占的比例最大，就全流域而言达到 82.27%，湖东区为 77.62%，湖西区为 85.12%，沿湖受水区为 77.86%。

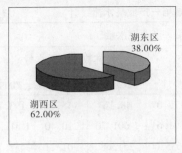
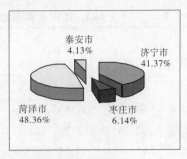

图 3-30 2010 年南四湖流域各区生活耗水量比例

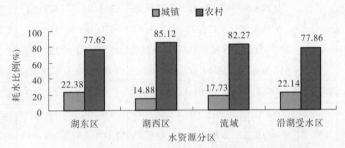

图 3-31 2010 年南四湖流域各区生活耗水量构成

3.5.2 生产耗水

生产耗水按第一产业耗水、第二产业耗水、第三产业耗水分别统计。

3.5.2.1 第一产业耗水量

第一产业耗水量包括农田灌溉耗水量和林牧渔业耗水量。农田灌溉耗水量包括作物蒸腾、棵间蒸发、渠系水面蒸发和浸润损失等。作物蒸腾、棵间蒸发和浸润损失受作物生育期的长短、作物品种、当地气候条件、土质、肥料和灌溉技术等诸多因素的制约。林牧渔业耗水量包括果树、苗圃、草场、牲畜、鱼塘补水等耗水量。

2010 年南四湖流域第一产业耗水量见表 3-11,耗水率见表 3-12。由此可知,2010 年南四湖流域农田灌溉耗水量为 290 039.43 万 m³,林牧渔业的耗水量为 28 816.30 万 m³,第一产业总耗水量为 318 855.73 万 m³。从流域各项的耗水率来看,牲畜耗水率最大,平均为 86.77%;其次是菜田,为 80.68%;最低是林牧渔业灌溉耗水率,为 68.84%。

第一产业的耗水量构成情况如图 3-32 所示。由此可知,在第一产业耗水量中湖西区占的比例最大,为 62.37%;湖东区为 37.63%。从耗水构成看,农田灌溉耗水量占绝大部分,占 90.96%;林牧渔业耗水量所占比重较小,占 9.04%。从行政区看,济宁市最大,占 52.27%;其次为菏泽市,占 38.54%;枣庄市占 5.47%;泰安市最小,占 3.72%。

第一产业的耗水率情况如图 3-33、图 3-34 所示。从图中可以看到,在第一产业耗水率中各区的耗水率规律与流域基本一致,牲畜最大,水浇地与菜田差别不大,总体上看,耗水率均较大。从表 3-12 看到,山东省南四湖流域第一产业耗水率(不含枣庄市)中鱼台县、梁山县为前两位。

表 3-11　2010 年南四湖流域第一产业耗水量统计　　　　（单位：万 m³）

水资源分区	行政区	第一产业耗水量							
		农田灌溉耗水量				林牧渔业耗水量			合计
		水田	水浇地	菜田	小计	林牧渔灌溉	牲畜耗水	小计	
湖东济宁	市中区	7 573.86	494.55	110.66	8 179.07	48.16	145.62	193.78	8 372.85
	任城区	205.19	6 680.10	916.32	7 801.61	1 601.70	210.40	1 812.10	9 613.71
	微山县	1 977.75	11 771.65	3 885.60	17 635.00	251.68	201.11	452.79	18 087.79
	汶上县		8 027.20	1 018.05	9 045.25	280.86	439.25	720.11	9 765.36
	泗水县		1 743.93	378.00	2 121.93	363.88	423.24	787.12	2 909.05
	曲阜市		5 385.92	2 451.71	7 837.63	970.00	385.07	1 355.07	9 192.70
	兖州市		10 956.68	3 876.00	14 832.68	1 270.10	234.00	1 504.10	16 336.78
	邹城市		10 804.20	3 944.00	14 748.20	1 004.00	629.10	1 633.10	16 381.30
湖东泰安	宁阳县		7 766.50	2 340.00	10 106.50	1 340.30	426.00	1 766.30	11 872.80
湖东枣庄	薛城区	50.27	1 470.04	962.50	2 482.81	333.96	89.87	423.83	2 906.64
	滕州市	150.81	4 410.12	2 887.50	7 448.43	1 001.88	269.61	1 271.49	8 719.92
	山亭区	100.54	2 940.08	1 925.00	4 965.62	667.92	179.74	847.66	5 813.28
湖西济宁	鱼台县	17 113.90	4 640.80		21 754.70	950.95	315.00	1 265.95	23 020.65
	金乡县	224.25	5 338.79	11 239.28	16 802.32	116.02	170.20	286.22	17 088.54
	嘉祥县	1 530.45	10 895.20		12 425.65	85.80	378.00	463.80	12 889.45
	梁山县		19 568.47	2 720.56	22 289.03	339.18	371.70	710.88	22 999.91
湖西菏泽	牡丹区	363.00	12 693.00	3 126.00	16 182.00	302.00	728.00	1 030.00	17 212.00
	单县		10 080.00	3 975.00	14 055.00	2 170.00	1 020.00	3 190.00	17 245.00
	曹县	91.00	12 370.00	536.00	12 997.00	1 219.00	983.00	2 202.00	15 199.00
	成武县		9 651.00	1 190.00	10 841.00	340.00	630.00	970.00	11 811.00
	定陶县		6 535.00	943.00	7 478.00	344.00	521.00	865.00	8 343.00
	郓城县		13 409.00	991.00	14 400.00	953.00	1 010.00	1 963.00	16 363.00
	鄄城县		8 965.00	2 298.00	11 263.00	435.00	630.00	1 065.00	12 328.00
	巨野县	159.00	9 413.00	3 053.00	12 625.00	616.00	640.00	1 256.00	13 881.00
	东明县	763.00	8 479.00	480.00	9 722.00	157.00	624.00	781.00	10 503.00
湖东区合计		10 058.42	72 450.97	24 695.34	107 204.73	9 134.44	3 633.01	12 767.45	119 972.18
湖西区合计		20 244.60	132 038.26	30 551.84	182 834.70	8 027.95	8 020.90	16 048.85	198 883.55
流域合计		30 303.02	204 489.23	55 247.18	290 039.43	17 162.39	11 653.91	28 816.30	318 855.73
沿湖受水区合计		26 920.97	25 057.14	5 875.08	57 853.19	3 186.45	962.00	4 148.45	62 001.64
按行政区合计	济宁市	28 625.40	96 307.49	30 540.18	155 473.07	7 282.33	3 902.69	11 185.02	166 658.09
	枣庄市	301.62	8 820.24	5 775.00	14 896.86	2 003.76	539.22	2 542.98	17 439.84
	菏泽市	1 376.00	91 595.00	16 592.00	109 563.00	6 536.00	6 786.00	13 322.00	122 885.00
	泰安市	0	7 766.50	2 340.00	10 106.50	1 340.30	426.00	1 766.30	11 872.80

表 3-12 2010 年南四湖流域第一产业耗水率统计 （%）

水资源分区	行政区	第一产业耗水量				
		农田灌溉耗水量			林牧渔业耗水量	
		水田耗水率	水浇地耗水率	菜田耗水率	林牧渔灌溉耗水率	牲畜耗水率
湖东济宁	市中区	73.90	83.40	88.20	63.00	90.00
	任城区	70.00	79.00	83.00	60.00	90.00
	微山县	75.00	85.00	85.00	65.00	90.00
	汶上县		82.00	85.00	62.00	90.00
	泗水县		81.00	84.00	61.00	91.00
	曲阜市		82.00	86.00	66.00	90.00
	兖州市		80.00	85.00	65.00	90.00
	邹城市		83.00	85.00	65.00	90.00
湖东泰安	宁阳县		70.00	75.00	65.00	75.00
湖东枣庄	薛城区	74.00	82.00	80.00	70.00	90.00
	滕州市	74.00	82.00	80.00	70.00	90.00
	山亭区	74.00	82.00	80.00	70.00	90.00
湖西济宁	鱼台县	70.00	80.00		65.00	90.00
	金乡县	69.00	78.00	84.00	66.00	92.00
	嘉祥县	75.00	80.00		66.00	90.00
	梁山县		80.00	85.00	75.00	90.00
湖西菏泽	牡丹区	55.00	70.00	72.00	70.00	80.00
	单县		70.00	75.00	70.00	85.00
	曹县	54.80	70.00	80.00	75.00	85.00
	成武县		82.00	85.00	85.00	90.00
	定陶县		70.00	75.00	75.00	85.00
	郓城县		70.00	81.00	75.00	85.00
	鄄城县		73.00	85.00	75.00	99.00
	巨野县	53.00	71.00	70.00	73.00	80.00
	东明县	53.00	71.00	74.00	73.00	83.00
湖东区平均		73.48	77.98	80.05	66.13	85.04
湖西区平均		62.47	75.81	81.31	71.56	88.50
流域平均		67.98	76.89	80.68	68.84	86.77
沿湖受水区平均		72.58	81.88	84.05	64.60	90.00
按行政区平均	济宁市	72.15	80.71	84.83	65.69	90.31
	枣庄市	74.00	82.00	80.00	70.00	90.00
	菏泽市	53.60	72.13	78.13	75.13	86.50
	泰安市	0	70.00	75.00	65.00	75.00

 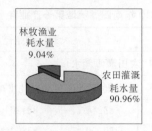 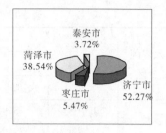

图 3-32　2010 年南四湖流域湖东区、湖西区及流域第一产业耗水量比例

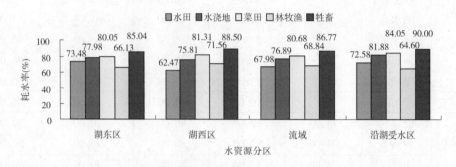

图 3-33　2010 年南四湖流域各水资源区第一产业耗水率构成

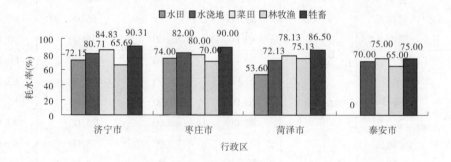

图 3-34　2010 年南四湖流域各行政区第一产业耗水率构成

3.5.2.2　第二产业耗水量

第二产业耗水量包括工业耗水量和建筑业耗水量。工业耗水量包括输水损失和生产过程中的蒸发损失量、产品带走的水量、厂区生活耗水量,按火电与非火电分别统计等。

2010 年南四湖流域第二产业耗水量及耗水率见表 3-13,由此可知,2010 年流域第二产业耗水量为 24 615.67 万 m³,其中工业耗水量为 22 078.57 万 m³,建筑业耗水量为 2 537.10 万 m³。从表 3-13 看到,山东省南四湖流域(不含枣庄市)中邹城市最大,为 3 358.30 万 m³,其次为任城区 1 764.99 万 m³。

第二产业耗水量各项比重如图 3-35 所示。在整个流域中湖东区所占比例为 70.17%,大于湖西区 29.83%。第二产业耗水量中工业耗水量占大部分,为 89.69%,建筑业耗水量所占比重较小,但建筑业的耗水率较大,非火(核)电的耗水率最小。

表 3-13　2010 年南四湖流域第二产业耗水量统计

水资源分区	行政区	第二产业耗水量							
		工业耗水量					建筑业耗水量		合计（万 m³）
		火（核）电		非火（核）电		合计（万 m³）	耗水率（%）	耗水量（万 m³）	
		耗水率（%）	耗水量（万 m³）	耗水率（%）	耗水量（万 m³）				
湖东济宁	市中区	85.00	843.35	24.40	618.72	1 462.07	91.00	29.12	1 491.19
	任城区	86.00	1 121.70	26.00	564.89	1 686.59	98.00	78.40	1 764.99
	微山县			25.00	526.80	526.80	90.00	94.50	621.30
	汶上县	81.00	310.73	26.00	95.74	406.47	90.00	123.96	530.43
	泗水县			26.00	231.40	231.40	91.00	74.62	306.02
	曲阜市	88.00	243.88	25.00	214.00	457.88	87.00	78.30	536.18
	兖州市			25.00	596.25	596.25	90.00	268.20	864.45
	邹城市	90.00	2 706.00	25.00	517.30	3 223.30	90.00	135.00	3 358.30
湖东泰安	宁阳县	80.00	25.60	40.00	493.20	518.80	80.00	180.80	699.60
湖东枣庄	薛城区	90.00	231.00	80.00	877.03	1 108.03	70.00	75.35	1 183.38
	滕州市	90.00	693.00	80.00	2 631.09	3 324.09	70.00	226.05	3 550.14
	山亭区	90.00	462.00	80.00	1 754.06	2 216.06	70.00	150.70	2 366.76
湖西济宁	鱼台县	90.00	36.90	56.60	186.21	223.11	90.00	27.00	250.11
	金乡县			31.00	251.10	251.10	95.00	123.50	374.60
	嘉祥县			25.00	231.00	231.00	91.00	36.40	267.40
	梁山县			25.00	106.62	106.62	95.00	53.20	159.82
湖西菏泽	牡丹区	75.00	237.00	40.00	1 097.00	1 334.00	90.00	326.00	1 660.00
	单县			45.00	630.00	630.00	90.00	90.00	720.00
	曹县			40.00	548.00	548.00	90.00	41.00	589.00
	成武县			54.00	497.00	497.00	90.00	90.00	587.00
	定陶县			48.00	324.00	324.00	83.00	37.00	361.00
	郓城县			40.00	508.00	508.00	90.00	52.00	560.00
	鄄城县			45.00	234.00	234.00	90.00	25.00	259.00
	巨野县			44.00	708.00	708.00	90.00	74.00	782.00
	东明县			40.00	726.00	726.00	90.00	47.00	773.00
湖东区合计		145.33	6 637.26	101.77	9 120.48	15 757.74	126.96	1 515.00	17 272.74
湖西区合计		82.50	273.90	39.20	6 046.93	6 320.83	90.99	1 022.10	7 342.93

水资源分区	行政区	第二产业耗水量							
		工业耗水量					建筑业耗水量		合计（万 m³）
		火（核）电		非火（核）电		合计（万 m³）	耗水率（%）	耗水量（万 m³）	
		耗水率（%）	耗水量（万 m³）	耗水率（%）	耗水量（万 m³）				
流域合计		113.92	6 911.16	70.48	15 167.41	22 078.57	108.97	2 537.10	24 615.67
沿湖受水区合计		87.75	2 232.95	42.40	2 773.65	5 006.60	87.80	304.37	5 310.97
按行政区合计	济宁市	88.00	5 262.56	29.85	4 140.03	9 402.59	91.81	1 122.20	10 524.79
	枣庄市	270.00	1 386.00	240.00	5 262.18	6 648.18	210.00	452.10	7 100.28
	菏泽市	75.00	237.00	44.00	5 272.00	5 509.00	89.22	782.00	6 291.00
	泰安市	80.00	25.60	40.00	493.20	518.80	80.00	180.80	699.60

 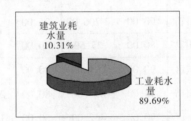

图 3-35　2010 年南四湖流域湖东、湖西及流域第二产业耗水量比例

3.5.2.3　第三产业耗水量

第三产业耗水量包括商饮业耗水量和服务业耗水量。2010 年南四湖流域第三产业耗水量为 1 321.58 万 m³,平均耗水率 30.03%,具体情况见表 3-14、图 3-36。

表 3-14　2010 年南四湖流域第三产业耗水量统计

水资源分区	行政区	第三产业	
		耗水率（%）	耗水量（万 m³）
湖东济宁	市中区	20.20	46.75
	任城区	20.00	14.00
	微山县	20.00	25.60
	汶上县	20.00	20.27
	泗水县	22.00	16.50
	曲阜市	20.00	18.60
	兖州市	20.00	43.80
	邹城市	20.00	72.00
湖东泰安	宁阳县	30.00	96.00

续表 3-14

水资源分区	行政区	第三产业	
		耗水率(%)	耗水量(万 m³)
湖东枣庄	薛城区	30.00	40.70
	滕州市	30.00	122.10
	山亭区	30.00	81.40
湖西济宁	鱼台县	20.00	22.00
	金乡县	26.00	41.86
	嘉祥县	20.00	27.00
	梁山县	20.00	20.00
湖西菏泽	牡丹区	45.00	205.00
	单县	45.00	90.00
	曹县	45.00	57.00
	成武县	49.00	98.00
	定陶县	45.00	27.00
	郓城县	45.00	39.00
	鄄城县	47.00	24.00
	巨野县	40.00	49.00
	东明县	45.00	24.00
湖东区合计		26.76	597.72
湖西区合计		33.31	723.86
流域合计		30.03	1 321.58
沿湖受水区合计		22.04	149.05
按行政区合计	济宁市	20.89	368.38
	枣庄市	30.00	244.20
	菏泽市	45.11	613.00
	泰安市	30.00	96.00

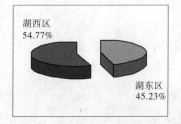 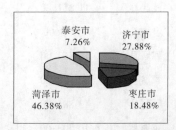

图 3-36 2010 年南四湖流域湖东、湖西及行政区第三产业耗水量比例

由表3-14看到,山东省南四湖流域牡丹区第三产业耗水量最大,为205.00万 m³;其次为滕州市,为122.10万 m³。由图3-36看到,第三产业耗水量湖西区最大,占54.77%。在行政区中菏泽市最大,占46.38%;其次为济宁市,占27.87%。

3.5.2.4 生产耗水量

2010年南四湖流域生产耗水量为344 792.98万 m³,平均耗水率为58.76%,具体情况见表3-15、表3-16。

表3-15 2010年南四湖流域生产耗水量统计 （单位:万 m³）

水资源分区	行政区	第一产业耗水量	第二产业耗水量	第三产业耗水量	生产耗水总量
湖东济宁	市中区	8 372.85	1 491.19	46.75	9 910.79
	任城区	9 613.71	1 764.99	14.00	11 392.70
	微山县	18 087.79	621.30	25.60	18 734.69
	汶上县	9 765.36	530.43	20.27	10 316.06
	泗水县	2 909.05	306.02	16.50	3 231.57
	曲阜市	9 192.70	536.18	18.60	9 747.48
	兖州市	16 336.78	864.45	43.80	17 245.03
	邹城市	16 381.30	3 358.30	72.00	19 811.60
湖东泰安	宁阳县	11 872.80	699.60	96.00	12 668.40
湖东枣庄	薛城区	2 906.64	1 183.38	40.70	4 130.72
	滕州市	8 719.92	3 550.14	122.10	12 392.16
	山亭区	5 813.28	2 366.76	81.40	8 261.44
湖西济宁	鱼台县	23 020.65	250.11	22.00	23 292.76
	金乡县	17 088.54	374.60	41.86	17 505.00
	嘉祥县	12 889.45	267.40	27.00	13 183.85
	梁山县	22 999.91	159.82	20.00	23 179.73
湖西菏泽	牡丹区	17 212.00	1 660.00	205.00	19 077.00
	单县	17 245.00	720.00	90.00	18 055.00
	曹县	15 199.00	589.00	57.00	15 845.00
	成武县	11 811.00	587.00	98.00	12 496.00
	定陶县	8 343.00	361.00	27.00	8 731.00
	郓城县	16 363.00	560.00	39.00	16 962.00
	鄄城县	12 328.00	259.00	24.00	12 611.00
	巨野县	13 881.00	782.00	49.00	14 712.00
	东明县	10 503.00	773.00	24.00	11 300.00

续表 3-15

水资源分区	行政区	第一产业耗水量	第二产业耗水量	第三产业耗水量	生产耗水总量
湖东区合计		119 972.18	17 272.74	597.72	137 842.64
湖西区合计		198 883.55	7 342.93	723.86	206 950.34
流域合计		318 855.73	24 615.67	1 321.58	344 792.98
沿湖受水区合计		62 001.64	5 310.97	149.05	67 461.66
按行政区合计	济宁市	166 658.09	10 524.79	368.38	177 551.26
	枣庄市	17 439.84	7 100.28	244.20	24 784.32
	菏泽市	122 885.00	6 291.00	613.00	129 789.00
	泰安市	11 872.80	699.60	96.00	12 668.40

表 3-16　2010 年南四湖流域生产耗水率计算　　　　　　　　　　（%）

水资源分区	行政区	第一产业	第二产业	第三产业	生产耗水率
湖东济宁	市中区	73.80	41.86	20.24	65.47
	任城区	75.36	49.62	20.00	69.54
	微山县	83.48	28.08	20.00	78.03
	汶上县	81.87	59.63	20.00	79.85
	泗水县	79.41	31.48	22.00	68.60
	曲阜市	81.23	43.99	20.00	77.19
	兖州市	79.81	32.22	20.47	73.80
	邹城市	82.32	64.26	20.00	77.73
湖东泰安	宁阳县	70.48	46.92	30.00	67.91
湖东枣庄	薛城区	80.00	40.00	25.00	80.00
	滕州市	80.00	40.00	25.00	80.00
	山亭区	80.00	40.00	25.00	80.00
湖西济宁	鱼台县	71.80	62.53	20.00	71.51
	金乡县	80.16	39.85	26.00	78.08
	嘉祥县	79.52	27.74	20.00	76.17
	梁山县	80.63	33.12	20.00	79.63
	小计	77.46	37.75	21.91	76.09

续表 3-16

水资源分区	行政区	第一产业	第二产业	第三产业	生产耗水率
湖西菏泽	牡丹区	67.69	48.54	45.05	65.10
	单县	68.71	48.00	45.00	67.37
	曹县	66.90	41.63	44.88	65.31
	成武县	82.77	57.55	49.00	80.67
	定陶县	66.10	50.07	45.00	65.15
	郓城县	66.48	42.17	45.35	65.17
	鄄城县	76.09	47.18	48.00	75.07
	巨野县	68.55	46.27	40.16	66.68
	东明县	65.86	41.40	45.28	63.25
湖东区合计		77.32	53.21	22.18	72.43
湖西区合计		53.38	33.88	32.20	52.20
流域合计		60.42	45.47	26.74	58.76
沿湖受水区合计		34.77	32.84	15.09	34.51
按行政区合计	济宁市	78.92	45.55	20.72	75.22
	枣庄市	69.04	66.69	22.16	66.97
	菏泽市	69.37	46.57	45.31	67.59
	泰安市	70.48	46.92	30.00	67.91

注:本表由耗水量与用水量表计算得到。

　　从表 3-15 看到,2010 年南四湖流域各县(市、区)生产耗水量中,山东省范围内鱼台县最大,梁山县次之。从表 3-16 看到,2010 年南四湖流域各县(市、区)生产耗水率中,山东省范围内成武县最大,为 80.67% ;东明县最小,为 63.25% 。

　　2010 年南四湖流域各区生产耗水量比例及构成分别见图 3-37、图 3-38。

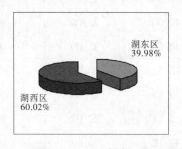 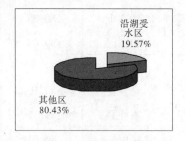

图 3-37　2010 年南四湖流域湖东、湖西及沿湖区生产耗水量比例

　　从图 3-37 看到,2010 年南四湖流域生产耗水量中,湖西区占的比例为 60.02% ,大于湖东区 39.98% ;沿湖受水区耗水量仅占流域的 19.57% 。从图 3-38 看到,流域耗水量主要为第一产业,除湖东区占 87.04% 外,其余湖西区、沿湖受水区及整个流域均在 92% 以上。

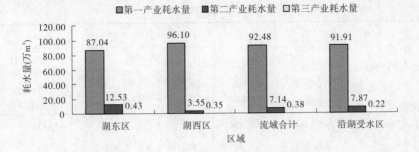

图 3-38　2010 年南四湖流域各区生产耗水量构成

3.5.3　生态耗水

生态耗水即生态环境耗水,其值按照城镇环境耗水量和农村生态耗水量分别统计,具体情况见表 3-17、图 3-39。2010 年南四湖流域生态环境耗水总量为 5 786.97 万 m^3,其中城镇环境耗水量 3 679.26 万 m^3,占 63.58%;农村生态环境耗水量 2 107.71 万 m^3,占 36.42%。湖西区生态耗水量 33 569.15 万 m^3,占 61.68%,湖东区 2 217.82 万 m^3,占 38.82%。在各县(市、区)生态耗水量中,单县最大,牡丹区次之。

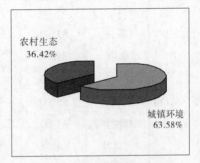

图 3-39　2010 年南四湖流域
生态耗水量比例

表 3-17　2010 年南四湖流域生态耗水率统计

水资源分区	行政区	生态环境耗水量					
		城镇环境		农村生态		合计	
		耗水率 (%)	耗水量 (万 m^3)	耗水率 (%)	耗水量 (万 m^3)	耗水率 (%)	耗水量 (万 m^3)
湖东济宁	市中区	90.00	364.50			90.00	364.50
	任城区	85.00	153.15	85.00	51.00	85.00	204.15
	微山县	85.00	95.20	85.00	100.30	85.00	195.50
	汶上县	85.00	47.60	90.00	27.00	86.70	74.60
	泗水县	87.00	26.10			87.00	26.10
	曲阜市	90.00	153.00	85.00	9.90	90.00	162.90
	兖州市	85.00	66.30	85.00	5.95	85.00	72.25
	邹城市	85.00	170.00	90.00	136.80	87.20	306.80
湖东泰安	宁阳县	85.00	153.00			85.00	153.00
湖东枣庄	薛城区	60.00	84.81	70.00	24.86	62.27	109.67
	滕州市	60.00	254.43	70.00	74.58	62.27	329.01
	山亭区	60.00	169.62	70.00	49.72	62.27	219.34

水资源分区	行政区	生态环境耗水量					
		城镇环境		农村生态		合计	
		耗水率 （%）	耗水量 （万 m³）	耗水率 （%）	耗水量 （万 m³）	耗水率 （%）	耗水量 （万 m³）
湖西济宁	鱼台县	90.00	18.00	86.00	8.60	90.00	18.00
	金乡县	91.00	73.80			90.40	82.40
	嘉祥县	85.00	187.00			80.00	187.00
	梁山县	85.00	29.75			85.00	29.75
湖西菏泽	牡丹区	85.00	749.00	80.00	68.00	84.58	817.00
	单县	83.00	332.00	75.00	505.00	78.17	837.00
	曹县	85.00	81.00	80.00	36.00	83.46	117.00
	成武县	97.00	116.00			97.00	116.00
	定陶县	85.00	37.00	80.00	18.00	83.36	55.00
	郓城县	84.00	77.00	75.00	31.00	81.42	108.00
	鄄城县	38.00	16.00	35.00	26.00	36.14	42.00
	巨野县	83.00	90.00		45.00	82.00	135.00
	东明县	85.00	135.00	80.00	890.00	80.66	1 025.00
湖东区合计		77.17	1 737.71	78.33	480.11	78.08	2 217.82
湖西区合计		84.15	1 941.55	79.56	1 627.60	82.44	3 569.15
流域合计		80.66	3 679.26	78.95	2 107.71	80.26	5 786.97
沿湖受水区合计		82.00	715.66	80.00	176.16	82.45	891.82
按行政区合计	济宁市	87.13	1 384.40	86.33	339.55	86.67	1 723.95
	枣庄市	60.00	508.86	70.00	149.16	62.27	658.02
	菏泽市	80.56	1 633.00	73.13	1 619.00	78.53	3 252.00
	泰安市	85.00	153.00	0	0	85.00	153.00

3.5.4　总耗水量分析

南四湖流域 2010 年耗水量汇总见表 3-18、图 3-40、图 3-41。由此可知，流域 2010 年的生活、生产和生态环境耗水量分别为 29 519.51 万 m³、344 792.98 万 m³ 和 5 786.97 万 m³，总耗水量为 380 099.46 万 m³。从各县（市、区）看山东省南四湖流域（不包括枣庄市）梁山县耗水量最多，其次为鱼台县；从耗水结构看，耗水量主要为湖西区占 60.20%。4 个地区中济宁市耗水量最大，占 50.38%；其次为菏泽市，占 38.76%。

从图 3-41 看到，整个流域及各水资源分区生产耗水量占绝大部分，均占 90% 以上；其次是生活耗水量，生态环境耗水量所占比重最小。

表 3-18　2010 年南四湖流域耗水量统计　　　　（单位:万 m³）

水资源分区	行政区	生活耗水量	生产耗水量	生态环境耗水量	合计
湖东济宁	市中区	757.07	9 910.79	364.50	11 032.36
	任城区	488.28	11 392.70	204.15	12 085.13
	微山县	1 716.39	18 734.69	195.50	20 646.58
	汶上县	1 218.12	10 316.06	74.60	11 608.78
	泗水县	712.10	3 231.57	26.10	3 969.77
	曲阜市	440.72	9 747.48	162.90	10 351.10
	兖州市	853.50	17 245.03	72.25	18 170.78
	邹城市	2 001.00	19 811.60	306.80	22 119.40
湖东泰安	宁阳县	1 218.00	12 668.40	153.00	14 039.40
湖东枣庄	薛城区	301.95	4 130.72	109.67	4 542.34
	滕州市	905.85	12 392.16	329.01	13 627.02
	山亭区	603.90	8 261.44	219.34	9 084.68
湖西济宁	鱼台县	578.62	23 292.76	18.00	23 889.38
	金乡县	1 405.66	17 505.00	82.40	18 993.06
	嘉祥县	989.65	13 183.85	187.00	14 360.50
	梁山县	1 051.70	23 179.73	29.75	24 261.18
湖西菏泽	牡丹区	2 444.00	19 077.00	817.00	22 338.00
	单县	2 040.00	18 055.00	837.00	20 932.00
	曹县	2 127.00	15 845.00	117.00	18 089.00
	成武县	961.00	12 496.00	116.00	13 573.00
	定陶县	988.00	8 731.00	55.00	9 774.00
	郓城县	1 595.00	16 962.00	108.00	18 665.00
	鄄城县	1 251.00	12 611.00	42.00	13 904.00
	巨野县	1 337.00	14 712.00	135.00	16 184.00
	东明县	1 534.00	11 300.00	1 025.00	13 859.00
湖东区合计		11 216.88	137 842.64	2 217.82	151 277.34
湖西区合计		18 302.63	206 950.34	3 569.15	228 822.12
流域合计		29 519.51	344 792.98	5 786.97	380 099.46
沿湖受水区合计		3 842.31	67 461.66	891.82	72 195.79
按行政区合计	济宁市	12 212.81	177 551.26	1 723.95	191 488.02
	枣庄市	1 811.70	24 784.32	658.02	27 254.04
	菏泽市	14 277.00	129 789.00	3 252.00	147 318.00
	泰安市	1 218.00	12 668.40	153.00	14 039.40

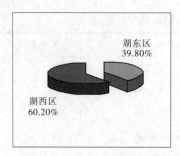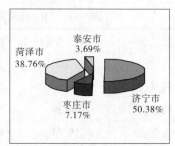

图 3-40　2010 年南四湖流域湖东区、湖西区及行政区耗水量比例

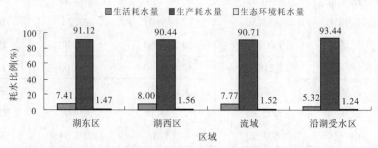

图 3-41　2010 年南四湖流域各水资源分区耗水量构成

3.6　2001~2010 年用水趋势与影响因素分析

由于南四湖流域中泰安市的流域面积、人口和 GDP 在山东省南四湖流域中所占比重均较少。因此,本研究区域只包括济宁市、菏泽市和枣庄市。

3.6.1　研究区域 2001~2010 年用水量及影响因素调查

3.6.1.1　2001~2010 年历年用水量

根据山东省水利年鉴(2001~2010 年),研究区域 2001~2010 年各类用水量见表 3-19。

表 3-19　2001~2010 年山东省南四湖流域各类用水量统计　　(单位:亿 m³)

年份	用水量					
	总用水量	第一产业	第二产业	第三产业	生活用水	生态用水
2001	54.76	43.90	6.83	0	4.03	0
2002	61.09	46.62	8.13	0	6.34	0
2003	54.84	41.21	6.23	0.51	6.72	0.17
2004	52.11	40.56	6.24	0.42	4.69	0.20
2005	47.22	37.48	4.34	0.28	4.93	0.19
2006	48.94	39.01	4.33	0.32	4.95	0.34
2007	51.64	43.97	3.20	0.34	3.67	0.46

续表 3-19

年份	用水量					
	总用水量	第一产业	第二产业	第三产业	生活用水	生态用水
2008	53.45	42.56	4.48	0.52	5.38	0.51
2009	52.40	41.31	4.72	0.58	5.22	0.57
2010	53.66	42.13	4.99	0.44	5.38	0.72

3.6.1.2　用水量影响因素调查

区域用水量影响因素较多,本研究选用 GDP(包括三次产业)、灌溉面积、人口及当年降水量等因素进行调查,结果见表 3-20。

表 3-20　2001~2010 年山东省南四湖流域用水量影响因素统计

年份	GDP(亿元)				实际灌溉面积(khm²)	人口(万人)			当年降水量(亿 m³)
	第一产业增加值	第二产业增加值	第三产业增加值	小计		非农业人口	农业人口	小计	
2001	271.43	482.11	370.85	1 124.39	1 002.70	441.98	1 569.04	2 011.02	149.50
2002	279.73	571.23	422.27	1 273.23	976.81	453.55	1 569.91	2 023.46	113.80
2003	291.56	738.09	481.16	1 510.81	966.03	494.20	1 542.92	2 037.12	305.30
2004	351.05	1 006.35	568.46	1 925.86	931.16	515.06	1 533.01	2 048.07	247.82
2005	394.00	1 282.18	669.23	2 345.41	941.60	1 037.39	1 021.49	2 058.88	263.38
2006	421.98	1 511.96	805.32	2 739.26	962.20	1 070.30	1 018.70	2 089.00	205.15
2007	476.12	1 882.50	994.29	3 352.91	966.34	1 067.82	1 044.84	2 112.66	221.46
2008	548.41	2 291.81	1 211.71	4 051.93	968.48	1 125.83	1005.84	2 131.67	198.36
2009	579.42	2 497.41	1 355.71	4 432.54	969.30	1 140.48	1 017.07	2 157.54	22.45
2010	658.15	2 823.38	1 650.41	5 131.94	979.42	1 157.12	1 035.75	2 192.87	162.03

3.6.2　用水分析

3.6.2.1　用水量年变化趋势

由表 3-19 绘制研究区内各类用水变化过程见图 3-42。

从表 3-19、图 3-42 看到,研究区内总用水量 2002 年以前为上升趋势,2002 年达到最大,为 61.09 亿 m³,以后为下降趋势,2005 年达到最小,为 47.22 亿 m³。2005 年后为缓慢上升趋势,但总用水量年增加值不大;第一产业用水量的变化趋势与总用水量基本一致;第二产业用水量基本呈下降趋势,第三产业、生活用水量年际变化不大,但生态用水量呈上升趋势。

3.6.2.2　用水结构

根据表 3-19 计算得到流域 2003~2010 年各类用水比例见表 3-21,各类用水平均比例见图 3-43。

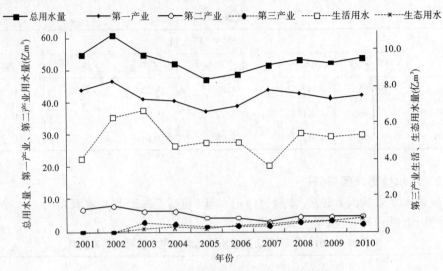

图 3-42　2001～2010 年各类用水过程线

表 3-21　2003～2010 年各类用水比例　　　　　　　　（%）

年份	第一产业	第二产业	第三产业	生活用水	生态用水
2003	75.16	11.36	0.92	12.25	0.31
2004	77.84	11.97	0.81	9.00	0.38
2005	79.37	9.19	0.59	10.44	0.41
2006	79.69	8.85	0.65	10.11	0.70
2007	85.14	6.20	0.66	7.11	0.89
2008	79.63	8.38	0.97	10.07	0.95
2009	78.84	9.01	1.11	9.96	1.08
2010	78.53	9.30	0.81	10.02	1.34
平均	79.27	9.28	0.82	9.87	0.76

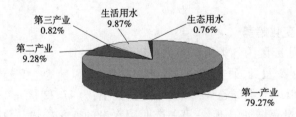

图 3-43　2003～2010 年平均用水比例

　　从表 3-21 看到,2003～2010 年生态用水比例呈上升趋势,其中第一产业用水比例 2007 年前呈上升趋势,2007 年后呈下降趋势,第二、三产业及生活用水比例年际间变化规律不明显。

从图3-43可以看到,山东省南四湖流域用水结构中,第一产业用水比例最大,为79.27%;生活用水与第二产业用水比例接近,分别为9.87%、9.28%;第三产业与生态用水比例接近,分别为0.82%、0.76%。因此,第一产业仍然是用水大户。

3.6.3　用水量与影响因素分析

3.6.3.1　总用水量与 GDP 分析

依据表3-19、表3-20绘制的流域总用水量与 GDP 关系见图3-44。由图3-44看到,山东省南四湖流域总用水量随 GDP 的增长而缓慢增长,其主要原因是随着水资源的紧张,流域内积极开展节水工作,万元产值用水量大幅减少,由2001年的487 m³/万元,减少到2010年的104.5 m³/万元。

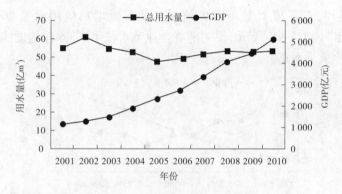

图 3-44　总用水量与 GDP 关系

3.6.3.2　第一产业用水量与其增加值、灌溉面积分析

2001～2010年山东省南四湖流域第一产业用水量与增加值、灌溉面积关系如图3-45、图3-46所示。由图3-45看到,第一产业增加值逐年增长,但相应用水量增长缓慢且有一定波动;而从图3-46看到,第一产业用水量与灌溉面积变化基本一致。

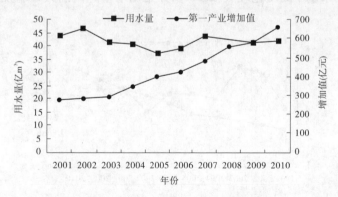

图 3-45　第一产业用水量与增加值关系

3.6.3.3　第二产业用水量与其增加值分析

图3-47为第二产业用水量与其增加值的关系,可以看到,第二产业增加值增长速度快,而2002～2007年第二产业用水量呈下降趋势,2007年开始又呈现增长趋势,但增长

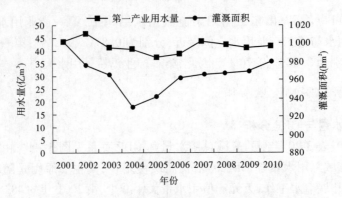

图 3-46　第一产业用水量与灌溉面积关系

缓慢。根据表 3-19、表 3-20 计算得到的流域工业万元增加值用水量 2001 年为 141.7 m³/万元，2010 年为 17.7 m³/万元，说明随着企业节水技术、节水改造的实施和用水管理水平的提高，节水效果明显。

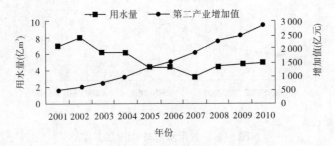

图 3-47　第二产业用水量与增加值关系

3.6.3.4　生活用水量与人口数量分析

图 3-48 为山东省南四湖流域 2001～2010 年生活用水量与人口关系。由图看到，2008 年前生活用水量年际变化较大，2008 年开始用水量趋向随人口增加缓慢增加的趋势。

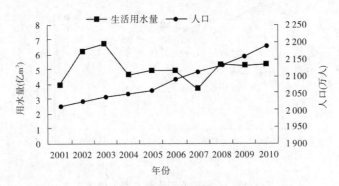

图 3-48　生活用水量与人口关系

3.6.3.5　降水量对用水量的影响

通过分析，流域降水量对第一产业用水量有影响，如图 3-49 所示。一般情况下，第一产业用水随降水量的减少而增加。

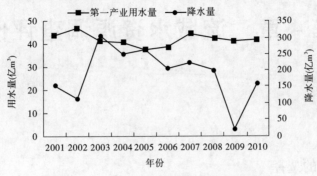

图 3-49　第一产业用水量与降水量关系

3.6.4　结论

（1）山东省南四湖流域用水结构中生产用水所占比例最大，其次为生活用水，生态用水较小。总用水量中主要为第一产业用水，用水比例接近 80%（占总用水量的比例）；生活用水与第二产业用水比例接近，约为 10%；第三产业与生态用水比例接近，不到 1%。

（2）自 2005 年开始，随着 GDP 总量的增加，流域总用水量呈缓慢增加趋势，其用水量增长率远小于 GDP 增长率。

（3）流域用水量主要影响因素为三次产业产值、灌溉面积、人口，降水量主要影响第一产业用水。

第4章 流域水资源调查评价

4.1 降 水

4.1.1 雨量站的选择

本次评价选站的原则是:①雨量观测资料质量较好、系列较长;②面上分布较均匀,对降水量变化梯度大的地区,选用雨量站适当加密。根据以上原则,结合南四湖雨量资料的实际情况,本次评价共选用了 56 处雨量站,见表 4-1,共计 33 672 站月资料,其中实测资料 30 093 站月,占 89.4%。全流域选用雨量站的平均站网密度为 483.5 km²/站。

表 4-1 南四湖流域雨量站

一级区	二级区	三级分区	四级分区(地级市)	雨量站
淮河	沂沭泗河	湖东区	湖东济宁	后营、二级湖闸、夏镇、韩庄闸、汶上、康驿、贺庄水库、泗水、青界岭、歇马亭、尼山水库、息陬、新驿、兖州、罗头、西苇水库、马楼
			湖东泰安	南驿、宁阳
			湖东枣庄	邹坞、薛城、马河水库、滕县、西岗、岩马水库、山亭、西集
		湖西区	湖西济宁	王鲁、鱼城、鱼台、鸡黍、孙庄、梁宝寺、嘉祥、梁山闸、梁山、黑虎庙、大周
			湖西菏泽	吕陵、魏楼闸、黄寺、终兴集、李庙闸、曹县、成武、张庄闸、中沙海、定陶、郓城、武安、鄄城、闫什口、巨野、章逢、东明、三春集

选用雨量站共分为三类。

(1)主要代表站:指具有 1956~2010 年完整系列资料或 1956~2010 年系列资料不完整,但缺测年份不超过 5 年的测站。本次评价共选用主要代表站 36 处,共计 22 476 站月资料,其中实测资料 22 198 站月,占 98.8%。主要代表站是勾绘等值线图的主要依据点。

(2)辅助站:指 1956~2010 年资料系列不完整、缺测年份大于 5 年且不超过 20 年的测站。本次评价共选用 11 处辅助站,共计 6 324 站月资料,其中实测资料 5 871 站月,占 92.8%。辅助站用来作为勾绘等值线图的辅助点据。

(3)参证站:指 1956~2010 年系列资料不全,缺测年份大于 20 年且不超过 30 年的测站。本次评价共选用 9 处参证站,共计 4 872 站月资料,其中实测资料 2 024 站月,占 41.5%。参证站仅作为勾绘等值线图的参考点据。

主要代表站和辅助站共计 56 处,参与分区降水量的计算;参证站不参与分区降水量的计算。

本次评价中,降水资料源自按照国家规范进行整编的水文资料,取自山东省水文数据库,资料录入之前经过严格审查;对观测系列达 60 年以上的长系列测站,又重点审查了特大、特小值和新中国成立前的资料,经严格审核,资料翔实可靠。

4.1.2　降水资料的插补延长

本次水资源评价采用多元线性回归分析法和优化插值技术,对缺测月份降水量进行插补延展。具体做法是,根据降水量观测资料状况,选定插补站和参证站。根据插补站和参证站的资料情况,兼顾地形、高程等下垫面条件,按照阶段寻优、整体优化的原则,建立一组多元线性回归方程,其一般形式为

$$P = A_0 + A_1 P_1 + A_2 P_2 + A_3 P_3 + \cdots \qquad (4-1)$$

式中:P 为插补站月降水量;P_1、P_2、P_3 为与 P 相同月份的邻近参证站月降水量;A_1、A_2、A_3 分别为回归系数。

在本次降水资料的插补过程中,选用回归方程的复相关系数均在 0.9 左右,插补成果精度可靠。南四湖流域部分雨量站多元回归方程见表 4-2。

表 4-2　南四湖流域部分雨量站多元回归方程一览

序号	多元回归方程	复相关系数
1	$P_{康驿} = 0.39 P_{后营} + 0.471 P_{新驿} + 80.308$	0.90
2	$P_{青界岭} = 0.385 P_{罗头} + 0.511 P_{尼山水库} + 72.089$	0.89
3	$P_{宁阳} = 0.548 P_{新驿} + 0.485 P_{歇马亭} - 39.018$	0.92
4	$P_{山亭} = 0.412 P_{马河水库} + 0.507 P_{西集} + 63.777$	0.88
5	$P_{三春集} = 0.345 P_{东明} + 0.593 P_{定陶} + 24.997$	0.87

4.1.3　年降水量统计参数等值线图的编制

4.1.3.1　单站年降水量统计参数的确定

本次水资源评价,各选用站统计参数的计算方法如下:年降水量采用算术平均法,年降水量变差系数 C_v 采用矩法计算。

均值 $\overline{P}$ 计算公式:

$$\overline{P} = \frac{1}{n} = \sum_{i=1}^{n} P_i \qquad (4-2)$$

C_v 值计算公式:

$$C_v = \sqrt{\frac{1}{n-1} \sum_{i=1}^{n} (K_i - 1)^2} \qquad (4-3)$$

其中,K_i 为降水量的模比系数:

$$K_i = \frac{P_i}{\overline{P}} \qquad\qquad (4-4)$$

部分选用雨量站年降水量特征值见表4-3。

表4-3　南四湖流域部分雨量站年降水量特征值统计(1956~2010年系列)

站点名称	年降水量(mm)				平均年降水量(mm)				1956~2010年 C_v 值
	最大(mm)	出现年份	最小(mm)	出现年份	1956~2010年	1956~1979年	1956~2000年	1980~2010年	
后营	1 150.3	1964	307.9	2002	709.0	742.8	696.9	682.9	0.27
韩庄闸	1 388.5	1958	433.8	1988	824.6	860.3	816.3	797.0	0.22
贺庄水库	1 319.7	1964	317.6	1988	749.0	769.8	741.3	734.9	0.27
宁阳	1 488.0	1964	307.0	2002	667.9	695.9	655.5	648.1	0.32
滕县	1 246.9	1958	369.0	1981	762.2	820.9	749.7	716.8	0.28
孙庄	1 128.9	2003	281.2	1988	939.3	733.4	673.9	650.4	0.25
成武	1 196.6	1957	364.3	1988	680.1	704.3	660.7	661.3	0.27
郓城	1 232.5	1964	342.4	2002	664.3	708.8	660.1	629.9	0.27

4.1.3.2　年降水量均值、C_v 等值线图的绘制

根据南四湖流域56处雨量站年降水量的统计参数分析成果,以36处主要代表站作为勾绘等值线的主要依据点,以11处辅助站作为勾绘等值线的辅助点,以9处参考站作为参考点据;在勾绘等值线过程中,同时综合考虑了地理位置、地形地貌、气候等因素对降水的影响,不拘泥于个别点据,避免等值线过于曲折或产生过多的小高低值中心,点绘了南四湖流域1956~2010年平均年降水量等值线图(见图4-1)和降水量变差系数 C_v 等值线图(见图4-2)。

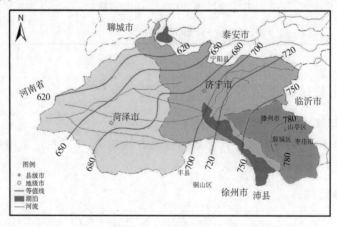

图4-1　南四湖流域1956~2010年平均年降水量等值线

年降水量均值等值线图的线距为20~30 mm,C_v 等值线图的线距为0.01。

4.1.3.3　等值线图合理性检查

勾绘等值线图后,主要从以下几个方面进行合理性检查:

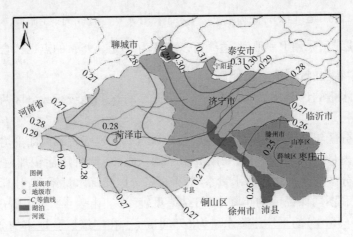

图 4-2　南四湖流域 1956～2010 年降水量变差系数 C_v 等值线

（1）对等值线的走向、位置、梯度和高低值区等进行综合分析，其总体符合降水分布的一般规律，与地理位置、地形、地貌和水汽来源相一致。

（2）与以往成果对照检查，等值线的量级、走向和高低值中心的分布等与以往成果大体一致。

（3）与相邻市水资源评价成果边界处等值线衔接检查，各等值线衔接良好，没有突变现象。

（4）以水资源三级区为单元，进行分区 1956～2010 年降水量的均值检查。以各水资源三级区选用雨量站 1956～2010 年平均年降水量的算术平均值作为计算值，以 1956～2010 年多年平均降水量等值线图上量算出同一分区的年降水量均值作为量算值，两者的相对误差见表 4-4。由此表可知，每个分区量算值与计算值的相对误差的绝对值最大为 1.4%，均小于 ±5% 的允许误差，表明 1956～2010 年多年平均降水量等值线图精度高。

表 4-4　南四湖流域水资源三级区 1956～2010 年降水量均值等值线图量算值与计算值相对误差统计

水资源三级区	计算值（mm）	量算值（mm）	相对误差（%）
湖东区	733.4	728.6	−0.7
湖西区	667.7	677.3	1.4

4.1.4　分区年降水量的计算

根据南四湖流域雨量站分布特点和降水地区分布特点，本次评价各分区历年的年降水量由选用站降水量数据采用算术平均法求得，计算公式如下：

$$\overline{P} = \frac{1}{m}\sum_{i=1}^{m} P_i \tag{4-5}$$

式中：$\overline{P}$ 为面平均降雨量，mm；i 为第 i 个雨量站；m 为测站总数；P_i 为第 i 个雨量站的降水量，mm。

各分区年降水量的均值用式（4-5）计算，适线时不作调整；年降水量的变差系数 C_v 值先用矩法计算,再用适线法调整确定;C_s/C_v 值采用 2.0。适线时,经验频率采用公式 $P = \dfrac{m}{n+1}$,频率曲线线型采用 P – Ⅲ 型;适线时以频率为 20% ~95% 的点据拟合良好为主进行定线,对系列中特大、特小值不作处理。

分区年降水量的计算包括水资源三级区套地市分区和地级行政分区两类分区年降水量的计算。

各水资源分区年降水量的计算从地级行政区开始。地级行政区面平均年降水量系列根据分区内各雨量站的年降水量,采用算术平均法求得;然后用面积加权法逐级算出三级、二级、一级分区的面平均年降水量系列;根据各分区年降水量系列,计算各分区年降水量的统计参数和不同保证率的年降水量,结果见表 4-5。由表 4-5 可以看出,南四湖流域 1956 ~2010 年(55 年)的平均年降水量为 695.8 mm。在三级区套地市的分区中,湖东枣庄的年降水量均值最大,为 780.5 mm;湖西济宁的年降水量均值最小,为 660.4 mm。年降水量均值大于 700 mm 的有湖东济宁和湖东枣庄;年降水量均值小于 700 mm 的有湖东泰安、湖西济宁和湖西菏泽。

表 4-5　南四湖流域水资源三级区套地市的多年平均年降水量计算成果

一级区	二级区	三级区	地级行政区	统计参数			不同频率年降水量(万 m³)			
				均值(mm)	C_v	C_s/C_v	20%	50%	75%	95%
淮河流域	南四湖	湖东区	济宁	723.0	0.25	2	869.4	708.5	594.7	453.7
			泰安	675.2	0.32	2	848.1	653.6	519.6	361.9
			枣庄	780.5	0.25	2	938.6	764.9	642	489.8
			小计	733.4	0.24	2	876.0	719.3	608.4	471.1
淮河流域	南四湖	湖西区	济宁	660.4	0.25	2	794.1	647.2	543.2	414.4
			菏泽	670.0	0.25	2	805.7	656.6	551.1	420.4
			小计	667.7	0.24	2	797.4	654.8	553.9	428.9
南四湖流域				695.8	0.24	2	831.0	682.4	577.2	447.0

地级行政分区年降水量的计算是在水资源三级区套地级行政分区年降水量计算的基础上进行的。各地级行政区历年面平均年降水量由其所包含的各区套年降水量按照面积加权的方法求得。各地级行政区年降水量计算成果见表 4-6。其中,枣庄市年降水量最大,为 780.5 mm;菏泽市年降水量最小,为 670.0 mm。年降水量均值大于 700 mm 的有济宁和枣庄;年降水量均值小于 700 mm 的有泰安和菏泽。

4.1.5　降水量的地区分布

南四湖流域 1956 ~2010 年的平均年降水量为 18.84 亿 m³,相当于面平均年降水量 695.8 mm。由于受水汽输入量、天气系统的活动情况、地形及地理位置等因素的影响,南四湖流域年降水量在地区分布上很不均匀。

表 4-6　南四湖流域地级行政区多年平均年降水量计算成果

地级行政区	统计参数			不同频率年降水量(万 m³)			
	均值(mm)	C_v	C_s/C_v	20%	50%	75%	95%
济宁市	702.0	0.24	2	838.5	688.6	582.4	451.0
枣庄市	780.5	0.25	2	938.6	764.9	642	489.8
菏泽市	670.0	0.25	2	805.7	656.6	551.1	420.4
泰安市	675.2	0.32	2	848.1	653.6	519.6	361.9
流域	695.8	0.24	2	831.0	682.4	577.2	447.0

从南四湖流域 1956～2010 年平均年降水量等值线图(见图 4-1)上可以看出,多年平均降水量总的分布趋势是自东南向西北递减,山丘区降水量大于平原区。1956～2010 年平均年降水量从湖东区枣庄市的 780 mm 向湖西区菏泽市的 620 mm 递减,等值线多呈西南—东北走向。700 mm 等值线自济宁市的曲阜,经兖州、市区、嘉祥,至金乡。该等值线西北部大部分是平原地区,多年平均降水量均小于 700 mm;该线的东南部,均大于 700 mm。南四湖流域东南部山丘区年降水量最大,局部达到 830 mm 左右;西北平原区年降水量最小,为 600 mm 左右。

全国年降水量划分的五大类型地带标准是:

(1)十分湿润带:相当于年降水量 1 600 mm 以上的地带;

(2)湿润带:相当于年降水量为 800～1 600 mm 的地带;

(3)过渡带:相当于年降水量为 400～800 mm 的地带;

(4)干旱带:相当于年降水量为 200～400 mm 的地带;

(5)严重干旱带:相当于年降水量为 200 mm 以下的地带。

按照上述全国年降水量五大类型地带划分标准,南四湖流域属于过渡带。

4.1.6　降水量的年际年内变化

4.1.6.1　降水量的年际变化

季风气候的不稳定性和天气系统的多变性,造成年际之间降水量差别较大。降水量的年际变化可从变化幅度和变化过程两个方面来分析。年际变化幅度可用年降水量变差系数 C_v 来反映,C_v 值大,则表示年降水量的年际变化大;反之亦然(C_v 值小,则表示年降水量的年际变化小)。年际变化幅度也可以用年降水量极值比和极值差来反映。年降水量的年际变化过程可以用年降水量过程线和年降水量模比系数来反映。

从多年平均年降水量的变差系数来看,南四湖流域年降水量变差系数 C_v 一般为 0.24～0.32,故降水量的年际变化较大。南四湖流域 C_v 值总的变化趋势为北部最大,自北部向西南部和东南部递减,东南部最小。

南四湖流域各地最大年降水量与最小年降水量相差悬殊。南四湖流域各雨量站最大年降水量与最小年降水量的比值为 2.4～5.1;最大年与最小年的极差为 436.4～1 181.0 mm。极值比最大的站点为湖西区菏泽市的三春集雨量站,2003 年降水量为 1 157.1 mm,

1966 年降水量仅 226.0 mm,年降水量极值比达 5.1,极差为 931.1 mm;极差最大的站点为湖东区泰安市的宁阳站,1964 年降水量为 1 488.0 mm,2002 年降水量为 307.0 mm,极差值 1 181.0 mm,其极值比为 4.8。本次分析选用了代表性较好的部分雨量站,其最大年降水量与最小年降水量比值及极差情况见表 4-7。

表 4-7　南四湖流域部分雨量站降水量特征值、极值比与极差

三级区	地级行政区	雨量站名称	最大年		最小年		极值比	极差(mm)
			年降水量(mm)	出现年份	年降水量(mm)	出现年份		
湖东区	济宁	后营	1 150.3	1964	307.9	2002	3.7	842.4
		汶上	1 452.0	1964	294.0	1966	4.9	1 158.0
		西苇水库	1 256.1	1964	293.3	1988	4.3	962.8
	泰安	宁阳	1 488.0	1964	307.0	2002	4.8	1 181.0
	枣庄	邹坞	1 259.2	1971	522.5	2002	2.4	736.7
		滕县	1 246.9	1958	369.0	1981	3.4	877.9
湖西区	济宁	鸡黍	1 026.2	2003	220.4	1988	4.7	805.8
		大周	1 171.0	1964	268.4	1988	4.4	902.6
	菏泽	三春集	1 157.1	2003	226.0	1966	5.1	931.1
		曹县	1 206.1	1957	304.3	1966	4.0	901.8
		鄄城	976.5	1964	336.4	1978	2.9	640.1

　　为了分析南四湖流域年降水量的年际变化过程,绘制了 1956～2010 年各分区年平均降水量过程线(见图 4-3、图 4-4)、南四湖流域年平均降水量过程线(见图 4-5)以及年平均降水量差积曲线(见图 4-6)。

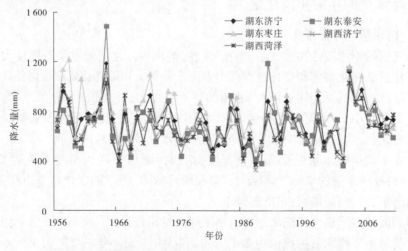

图 4-3　南四湖流域水资源三级区套地市的年降水量变化趋势

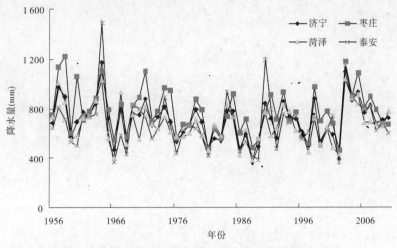

图4-4 南四湖流域地级行政区的年平均降水量变化趋势

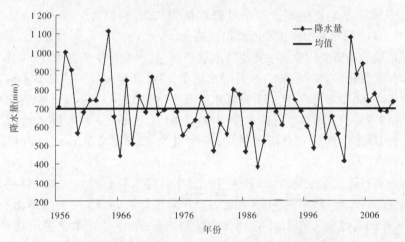

图4-5 南四湖流域1956～2010年平均降水量过程线

从图4-3～图4-5可以看出,南四湖流域年平均降水量的多年变化具有明显的丰、枯水交替出现的特点。从图4-6可以看出,1956～1964年为差积曲线上升段(丰水期),1965～1974年为先下降再上升的波动段,1975～2002年为下降段(枯水期),2003～2010年为上升段(丰水期),且在每一个上升段或下降段内都有若干个较小的上升或下降的波动段。这表明南四湖流域连续丰水年和连续枯水年的出现十分明显。

综上所述,南四湖流域降水的年际变化较为剧烈,主要表现为年降水量变差系数较大,最大年降水量与最小年降水量的比值(即极值比)较大和年际间丰枯变化频繁等特点。

4.1.6.2 降水量的年内分配

南四湖流域多年平均降水量年内分配的特点表现为汛期集中、季节分配不均匀和最大最小月相差悬殊等,它与水汽输送的季节变化有密切关系。通过对南四湖流域各雨量站逐月降水量的分析,得出年内分配的如下特点:

(1)汛期降水集中。各雨量站多年平均年降水量为603.0～824.6 mm,年降水集中在

图 4-6　南四湖流域 1956~2010 年平均降水量差积曲线

汛期 6~9 月,多年平均连续最大四个月降水量为 422.7~599.6 mm,占全年降水量的 68.1%~76.4%。降水集中程度平原比山区略大。

(2)降水量的季节变化较大。夏季降水量最多,其次是秋季和春季,秋季比春季降水量略多,冬季降水量最少。夏季 6~8 月降水最多,降水量为 356.9~522.6 mm,占全年水量的 57.5%~66.6%;秋季 9~11 月降水量其次,为 112.8~136.1 mm,占全年降水量的 14.4%~19.9%;春季 3~5 月降水量为 96.7~131.0 mm,占全年降水量的 13.6%~18.6%;冬季 12 月至次年 2 月降水最少,降水量为 22.8~42.8 mm,仅占年降水量的 3.8%~6.0%。

(3)年内各月降水量变化较大,最大月和最小月降水量相差悬殊。一年中最大月降水量多发生在 7 月,为 155.6~246.3 mm,占全年降水量的 24.4%~31.4%;8 月次之,为 116.6~178.6 mm,占全年降水量的 18.8%~24.8%;最小月降水量多出现在 1 月,为 5.2~13.8 mm,仅占年降水量的 0.7%~1.9%。同站最大月降水是最小月的 14~38 倍,平原区倍数一般比山丘区要大。

综上所述,南四湖流域年降水量约有 2/3 以上集中在汛期 6~9 月,有 1/2 左右集中在 7~8 月,最大月降水量多发生在 7 月,这表明南四湖流域雨季较短,雨量集中,降水量的年内分配很不均匀。

南四湖流域部分雨量站多年平均降水量年内分配情况见表 4-8。

4.1.7　年降水量系列代表性分析

年降水量系列代表性,一般是指某一具有可靠性和一致性的年降水量样本分布对总体分布的代表性。在具体的分析中,通常是将长期的年降水量系列看作总体,用它来衡量各个样本分布的代表性。由于水文现象本身的时序变化不是纯粹独立的,存在着连续丰水、平水、枯水以及丰枯交替等周期性变化的现象,系列的代表性取决于是否包含丰、平、枯的整个周期,能否反映水文的周期波动、丰枯交替以及特征值的客观规律。降水量系列的代表性直接影响着水资源评价的精度。

表 4-8　南四湖流域部分雨量站多年平均降水量年内分配

三级区		湖东区					湖西区				
地级行政区		济宁			泰安	枣庄		济宁		菏泽		
雨量站名称		汶上	青界岭	尼山水库	宁阳	山亭	薛城	鱼城	梁山	李庙闸	鄄城	闫什口
年降水量(mm)		638.3	739.7	758.8	667.9	785.1	794.0	677.1	604.6	691.5	603.0	622.0
汛期	降水量(mm)	466.0	556.2	573.1	490.0	585.2	561.1	461.0	432.5	473.6	422.7	433.3
	占年降水量百分比(%)	73.0	75.2	75.5	73.4	74.5	70.7	68.1	71.5	68.5	70.1	69.7
3~5月	降水量(mm)	96.8	100.9	104.0	98.8	113.3	131.0	117.9	96.7	128.3	100.9	104.0
	占年降水量百分比(%)	15.2	13.6	13.7	14.8	14.4	16.5	17.4	16.0	18.6	16.7	16.7
6~8月	降水量(mm)	403.1	487.2	498.7	427.4	522.6	484.1	392.1	370.3	397.9	356.9	375.5
	占年降水量百分比(%)	63.1	65.9	65.7	64.0	66.6	61.0	57.9	61.2	57.5	59.2	60.4
9~11月	降水量(mm)	114.2	120.0	125.4	114.6	112.8	136.1	126.2	114.8	131.0	120.2	114.1
	占年降水量百分比(%)	17.9	16.2	16.5	17.2	14.4	17.1	18.6	19.0	18.9	19.9	18.3
12月至翌年2月	降水量(mm)	24.3	31.6	30.7	27.2	36.4	42.8	40.9	22.8	34.4	25.0	28.4
	占年降水量百分比(%)	3.8	4.3	4.0	4.1	4.6	5.4	6.0	3.8	5.0	4.1	4.6
最大月	降水量(mm)	176.3	216.2	223.2	194.5	246.3	210.7	170.0	156.3	176.4	155.6	172.6
	所在月份	7	7	7	7	7	7	8	7	7	7	7
	占年降水量百分比(%)	27.6	29.2	29.4	29.1	31.4	26.5	25.1	25.8	25.5	25.8	27.7
最小月	降水量(mm)	6.3	7.9	8.5	8.0	11.3	12.4	12.1	5.8	9.4	7.2	7.8
	所在月份	1	1	1	1	12	1	12	1	1	12	1
	占年降水量百分比(%)	1.0	1.1	1.1	1.2	1.4	1.6	1.8	1.0	1.4	1.4	1.3
最大月降水量与最小月降水量比值		28.2	27.5	26.2	24.4	21.9	17.0	14.1	27.1	18.8	21.6	22.1

　　本次选取了湖东济宁的后营站、湖东枣庄的滕县站和湖西菏泽的郓城站三个长系列站的年降水量资料,计算了 1956~1979 年、1956~2000 年、1956~2010 年和 1980~2010 年和长系列年降水量的统计参数(均值和变差系数),通过长短系列统计参数的对比分析和不同年型的频次分析等,对四个短系列的代表性作了初步的分析与评价。

4.1.7.1　统计参数的稳定性分析

　　统计参数的稳定性分析,是基于长系列统计参数比短系列统计参数的代表性相对较好这一基本假定,即长系列统计参数更接近于总体,故以长系列统计参数为标准来检验短系列的代表性。

以长系列末端 2010 年为起点,以年降水量逐年向前计算累积平均值和变差系数 C_v 值(用矩法进行计算),并进行综合比较分析。均值、C_v 等参数均以最长系列的计算值为标准,从过程线上确定参数相对稳定所需的年数。

后营、滕县和郓城站年降水量逆时序累积平均过程线和逆时序变差系数 C_v 过程线见图 4-7 ~ 图 4-12。

图 4-7　后营站年降水量逆时序逐年累积平均过程线

图 4-8　后营站 C_v 值逆时序逐年累积平均过程线

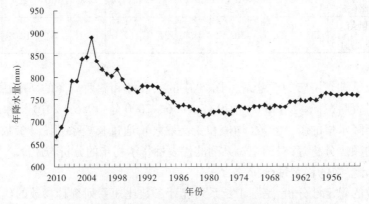

图 4-9　滕县站年降水量逆时序逐年累积平均过程线

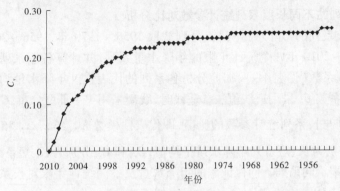

图 4-10 滕县站 C_v 值逆时序逐年累积平均过程线

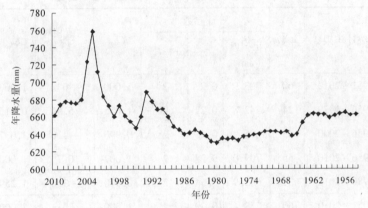

图 4-11 郓城站年降水量逆时序逐年累积平均过程线

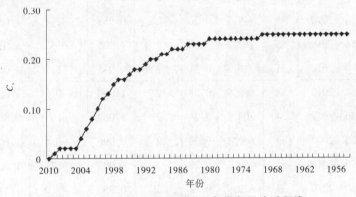

图 4-12 郓城站 C_v 值逆时序逐年累积平均过程线

从图 4-7～图 4-12 可看出,三站的降水量均值和 C_v 值逆时序逐年累积平均过程线随年序变化,其变幅愈来愈小。后营站统计参数均值和 C_v 值达到稳定时间约为 47 年,即 1964～2010 年;滕县站统计参数均值达到稳定的时间约为 55 年,即 1956～2010 年,C_v 值达到稳定时间约为 58 年,即 1953～2010 年;郓城站统计参数均值达到稳定的时间约为 48 年,即 1963～2010 年,C_v 值达到稳定时间约为 41 年,即 1970～2010 年。综上所述,三站年降水量的均值和 C_v 值达到稳定时间均为 50 年左右。

4.1.7.2　长系列站不同长度系列统计参数对比分析

根据三站长系列的年降水量资料,分别截取 1956～1979 年、1956～2000 年、1956～2010 年和 1980～2010 年四个统计年限的年降水量系列,并计算各短系列和长系列年降水量均值和变差系数(见表4-9),据此分析各系列的代表性。年降水量均值采用算数平均法计算,变差系数 C_v 采用适线值法。适线时,线型采用 P–Ⅲ型分布,$C_s/C_v = 2.0$。同时计算了短系列与长系列统计参数的比值,即代表性模数 $K_{均值} = \overline{x_n}/\overline{x_N}$ 和 $K_{C_v} = C_{vn}/C_{vN}$,式中 $\overline{x_N}$ 和 $\overline{x_n}$ 分别为长、短系列年降水量平均值,C_{vN} 和 C_{vn} 分别为长、短系列的 C_v 值。此外,还计算了各站不同系列不同保证率的年降水量及不同统计年限对长系列年降水量的相对误差(见表4-10)。

表 4-9　长系列站不同统计年限年降水量特征值对比

雨量站名称	统计年限	年数	统计参数			$K_{均值}$	均值相对误差(%)	K_{C_v}	C_v 相对误差(%)
			年均值(mm)	C_v	C_s/C_v				
后营站	1951～2010	60	703.9	0.27	2	1.000	0	1.000	0
	1956～1979	24	742.8	0.22	2	1.055	5.5	0.815	−18.5
	1956～2000	45	696.9	0.28	2	0.990	−1.0	1.037	3.7
	1956～2010	55	709.0	0.27	2	1.007	0.7	1.000	0
	1980～2010	31	682.9	0.34	2	0.970	−3.0	1.259	25.9
滕县站	1951～2010	60	758.4	0.29	2	1.000	0	1.000	0
	1956～1979	24	820.9	0.29	2	1.082	8.2	1.000	0
	1956～2000	45	749.7	0.30	2	0.989	−1.1	1.034	3.4
	1956～2010	55	762.2	0.30	2	1.005	0.5	1.034	3.4
	1980～2010	31	716.8	0.31	2	0.945	−5.5	1.069	6.9
郓城站	1954～2010	57	662.8	0.28	2	1.000	0	1.000	0
	1956～1979	24	708.8	0.24	2	1.069	6.9	0.857	−14.3
	1956～2000	45	660.1	0.28	2	0.996	−0.4	1.000	0
	1956～2010	55	664.3	0.28	2	1.002	0.2	1.000	0
	1980～2010	31	629.9	0.33	2	0.950	−5.0	1.179	17.9

从表4-9 可以看出,对于后营站,四个系列中,1956～2010 年系列代表性最好,均值和变差系数 C_v 的相对误差分别为 0.7% 和 0;1956～2000 年系列代表性次之,相对误差分别为 −1.0% 和 3.7%;1956～1979 年和 1980～2010 年系列的代表性较差,虽然均值的相对误差较小,分别为 5.5% 和 −3.0%,但 C_v 较大,分别为 −18.5% 和 25.9%。对于滕县站,1956～2010 年系列代表性最好,均值和 C_v 的相对误差分别为 0.5% 和 3.4%;1956～2000 年系列代表性次之,相对误差分别为 −1.1% 和 3.4%;1956～1979 年系列的 C_v 值与长系

列相同,但均值相对误差较大,为 8.2%;1980~2010 年系列的代表性较差,均值和 C_v 的相对误差均较大,分别为 -5.5% 和 6.9%。对于郓城站,四个系列中,1956~2010 年系列代表性最好,均值和 C_v 的相对误差分别为 0.2% 和 0;1956~2000 年系列代表性次之,相对误差分别为 -0.4% 和 0;1956~1979 年和 1980~2010 年系列的代表性较差,均值和 C_v 的相对误差均较大,均值相对误差分别为 6.9% 和 -5.0%,C_v 值的相对误差分别为 -14.3% 和 17.9%。

表 4-10　不同长度系列不同保证率年降水量对长系列的相对误差统计

雨量站名称	统计年限	年数	$P=20\%$		$P=50\%$		$P=75\%$		$P=95\%$	
			P（mm）	相对误差（%）	P（mm）	相对误差（%）	P（mm）	相对误差（%）	P（mm）	相对误差（%）
后营站	1951~2010	60	857.8	0	688.7	0	569.0	0	420.7	0
	1956~1979	24	876.9	2.2	731.4	6.2	626.8	10.2	494.4	17.5
	1956~2000	45	853.0	-0.6	677.4	-1.6	556.4	-2.2	413.9	-1.6
	1956~2010	55	864.1	0.7	693.7	0.7	573.1	0.7	423.8	0.7
	1980~2010	31	866.3	1.0	655.0	-4.9	515.7	-9.4	353.2	-16.1
滕县站	1951~2010	60	934.4	0	736.4	0	600.1	0	439.5	0
	1956~1979	24	1 011.3	8.2	797.1	8.2	649.5	8.2	475.7	8.2
	1956~2000	45	929.6	-0.5	727.2	-1.2	587.8	-2.0	423.6	-3.6
	1956~2010	55	945.1	1.2	739.3	0.4	597.6	-0.4	430.6	-2.0
	1980~2010	31	894.6	-4.3	694.6	-5.7	556.8	-7.2	394.6	-10.2
郓城站	1954~2010	57	811.2	0	644.2	0	529.2	0	393.7	0
	1956~1979	24	846.6	4.4	695.4	7.9	588.0	11.1	455.3	15.7
	1956~2000	45	807.9	-0.4	641.6	-0.4	527.0	-0.4	392.1	-0.4
	1956~2010	55	813.1	0.2	645.7	0.2	530.4	0.2	394.6	0.2
	1980~2010	31	794.1	-2.1	604.9	-6.1	480.2	-9.3	334.7	-15.0

从表 4-10 可以看出,后营站四个系列中,1956~2010 年系列的代表性最好,四个不同保证率的年降水量对长系列的相对误差都较小,为 0.7%;其次为 1956~2000 年系列,相对误差为 -2.2%~-0.6%;再次为 1980~2010 年,相对误差为 -16.1%~1.0%;1956~1979 年系列代表性最差,相对误差为 2.2%~17.5%。对于滕县站,四个系列中以 1956~2010 年系列的代表性最好,相对误差为 -2.0%~1.2%;其次为 1956~2000 年系列,相对误差为 -3.6%~-0.5%;1956~1979 年和 1980~2010 年系列的代表性最差,相对误差为 8.2%、-10.2%~-4.3%。对于郓城站,四个系列中以 1956~2010 年系列的代表性最好,相对误差为 0.2%;其次 1956~2000 年系列,相对误差为 -0.4%;1956~1979 年和 1980~2010 年系列的代表性最差,相对误差为 4.4%~15.7%、-15.0%~-2.1%。

4.1.7.3 长短系列不同年型频次分析

判断有限样本对总体的偏离程度,可粗略地以适线后的长系列频率曲线代表总体分布,按频率小于 12.5%、12.5% ~ 37.5%、37.5% ~ 62.5%、62.5% ~ 87.5% 和大于 87.5% 的年降水量分别划分为丰水年、偏丰水年、平水年、偏枯水年和枯水年 5 种年型,统计不同系列不同年型的出现频次,论证各短系列频率曲线经验点据分布的代表性。若短系列 5 种年型出现的频次接近于长系列的频次分布,则认为短系列资料的代表性较好。三站年降水量长短系列丰、平、枯年型出现频次(%)见表 4-11。

表 4-11 代表站年降水量长短系列丰平枯年型出现频次(%)统计

雨量站名称	统计年限	丰水年		偏丰年		平水年		偏枯年		枯水年	
		次数	频次(%)	次数	频次(%)	次数	频次(%)	次数	频次(%)	次数	频次(%)
后营站	1951 ~ 2010	6	10.0	18	30.0	15	25.0	14	23.3	7	11.7
	1956 ~ 1979	2	8.3	9	37.5	8	33.3	4	16.7	1	4.2
	1956 ~ 2000	5	11.1	11	24.4	12	26.7	11	24.4	6	13.3
	1956 ~ 2010	6	10.9	17	30.9	13	23.6	12	21.8	7	12.7
	1980 ~ 2010	4	12.9	8	25.8	5	16.1	8	25.8	6	19.4
滕县站	1951 ~ 2010	7	11.7	15	25.0	13	21.7	18	30.0	7	11.7
	1956 ~ 1979	5	20.8	6	25.0	5	20.8	7	29.2	1	4.2
	1956 ~ 2000	5	11.1	11	24.4	10	22.2	13	28.9	6	13.3
	1956 ~ 2010	7	12.7	13	23.6	13	23.6	15	27.3	7	12.7
	1980 ~ 2010	2	6.5	7	22.6	8	25.8	8	25.8	6	19.4
郓城站	1954 ~ 2010	5	8.8	13	22.8	17	29.8	17	29.8	5	8.8
	1956 ~ 1979	2	8.3	9	37.5	9	37.5	3	12.5	1	4.2
	1956 ~ 2000	3	6.7	12	26.7	11	24.4	16	35.6	3	6.7
	1956 ~ 2010	5	9.1	12	21.8	17	30.9	16	29.1	5	9.1
	1980 ~ 2010	3	9.7	3	9.7	8	25.8	13	41.9	4	12.9

由表 4-11 可知,后营站 1956 ~ 2010 年系列代表性最好,其次为 1956 ~ 2000 年系列,1956 ~ 1979 年和 1980 ~ 2010 年系列的代表性均较差。滕县站 1956 ~ 2000 年系列代表性最好,其次为 1956 ~ 2010 年系列,1956 ~ 1979 年和 1980 ~ 2010 年系列的代表性均较差。郓城站 1956 ~ 2010 年系列代表性最好,其次为 1956 ~ 2000 年系列,1956 ~ 1979 年和 1980 ~ 2010 年系列的代表性均较差。

4.1.7.4 系列代表性分析结果

从上述分析可以看出,四个短系列中,1956 ~ 2010 年系列代表性相对较好;1956 ~ 2000 年系列代表性次之;1956 ~ 1979 年和 1980 ~ 2010 年两个系列代表性均较差。因此,本次评价采用 1956～2010 年的系列。

4.2　地表水资源量

地表水资源量是河流、湖泊、水库等地表水体中由当地降水形成的可以逐年更新的动态水量,用天然河川径流量表示。近几十年来,人类活动影响在一定程度上改变了河川径流的天然时空变化过程。为使资料系列一致,本次评价中,1956～2000 年南四湖流域的径流还原数据采用《山东省水资源综合规划》(2007 年)的成果,2001～2010 年径流还原数据采用双累积曲线法求得,以此作为一致性较好、反映近期下垫面条件下的天然年径流量系列,作为评价地表水资源量的依据。

4.2.1　单站径流分析

径流资料的还原方法主要有分项调查法、双累积曲线法、流域蒸发差值法和降水径流模型法。1956～2000 年径流还原数据采用《山东省水资源综合规划》(2007 年)的成果,其径流还原的方法为分项调查法;2001～2010 年径流还原数据采用双累积曲线法求得。以下介绍两种方法的计算步骤及其径流资料的插补延长和合理性检查。

4.2.1.1　单站径流还原计算

1. 分项调查法

分项调查法是对控制站以上地表水的蓄、引、提、用水量进行还原,将实测径流量系列还原为近期下垫面条件下的径流量系列。还原计算分河系自上而下、按水文控制断面分段进行,逐级累计成全流域的天然径流量。

径流还原计算采用分项调查法,根据历年水文调查资料,应用下列水量平衡方程式进行还原计算:

$$W_{天} = W_{实测} + W_{农耗} + W_{工业} + W_{生活} \pm W_{蓄} \pm W_{引水} \pm W_{分洪} \pm W_{其他} \qquad (4\text{-}6)$$

式中:$W_{天}$ 为还原后的天然径流量;$W_{实测}$ 为水文站实测径流量;$W_{农耗}$ 为农业灌溉耗损量;$W_{工业}$ 为工业用水耗损量;$W_{生活}$ 为城镇生活用水耗损量;$W_{蓄}$ 为水库蓄水变量,增加为正,减少为负;$W_{引水}$ 为跨流域(跨区间)引水量,引出为正,引入为负;$W_{分洪}$ 为河道分洪决口水量,分出为正,分入为负;$W_{其他}$ 为其他还原项,可根据各站具体情况而定。

各项水量的确定方法如下:

1) 实测径流量 $W_{实测}$

各选用的水文站历年逐月实测径流量,均根据水文年鉴相应月份平均流量乘以各月秒数求得,年径流量为各月径流量之和。

2) 农业灌溉耗损量 $W_{农耗}$

农业灌溉耗损量 $W_{农耗}$ 指农田、林果、草场引水灌溉过程中,因蒸发消耗和渗漏损失掉而不能回归到河流的水量。南四湖流域大型水库和部分引河灌区有实测引水量资料,中小型水库、灌区有当年水文调查的用水量资料。

农业灌溉耗损量为主要还原项,在总还原水量中占有较大比重,对还原成果有较大影响。为保证还原成果质量,对当年水文调查的农业灌溉耗损量资料进行了合理性检查。

检查时主要采用绘制各控制站以上或区间历年降水量过程线及灌溉还原水量与年降水量的比值 K 值过程线进行对比的方法。

对明显不合理的年份采用下列两种方法重新进行核算：

（1）灌区内有年引水总量资料，按下式计算：

$$W_{农耗} = (1 - \beta)W_{总} \tag{4-7}$$

式中：β 为灌区（包括渠系和田间）回归系数；$W_{总}$ 为渠道引水总量。

回归系数的确定，有实测引退水资料时，采用实测资料分析确定；无实测资料时，考虑各灌区的气候、地形、土壤、作物组成、渠道土壤和水文地质条件、衬砌情况、灌溉方式、灌溉管理水平和灌区规模大小等情况，综合分析确定。根据《山东省水资源综合规划》（2007），各选用站的回归系数为 0 ~ 0.2。

（2）根据灌溉定额、灌溉面积和灌溉次数确定。

用净灌溉用水量近似地作为灌溉耗水量，即考虑田间回归水和渠系蒸发损失两者相抵消，采用下式计算：

$$\left. \begin{array}{l} W_{农耗} = nmF \\ mF = m_1f_1 + m_2f_2 + m_3f_3 + m_if_i + \cdots \end{array} \right\} \tag{4-8}$$

式中：n 为灌水次数，根据作物组成，以及当年的降水、蒸发、气温等气象条件，对丰、平、枯降水情况采用不同的灌水次数，根据《山东省水资源综合规划》（2007）取值范围为 2 ~ 6；m_i 为不同灌水季节不同作物的净灌溉定额（m³/（亩·次）），根据《山东省水资源综合规划》（2007）取值范围为 20 ~ 100；f_i 为不同灌水季节不同作物的次实灌面积（亩），根据季节性作物种植面积和可能灌溉比例来计算。

农业灌溉耗水量的月分配有实测引水资料时，按实测引水过程分配；无实测引水资料时，移用流域内或相邻流域灌区的实测引水过程进行月分配。

3）工业用水耗损量 $W_{工业}$

对提供城市工业用水的水库，根据实测引水量和损耗系数确定。损耗系数根据工矿企业的水平衡测试、废污水排放量监测和典型调查、丰枯程度、入河口到测验断面距离、地下水位埋深等有关资料综合确定。工业耗水量年内变化不大，将年还原计算水量平均分配到各月，得各月工业耗水量。

4）城镇生活用水耗损量 $W_{生活}$

城镇居民生活用水量通过自来水厂调查收集，耗水量由下式计算：

$$W_{生活} = \beta'W_{用水} \tag{4-9}$$

式中：β' 为生活耗水率；$W_{用水}$ 为生活用水量。

收集资料时，仅调查地表水用水量。在径流还原计算时主要考虑城镇生活用水，农村生活用水面广量小，且多为地下水，对测站径流影响很小，不作还原计算。

城镇生活用水的年内变化小，各月生活耗水量由年还原水量按月平均分配求得。

工业、城镇生活用水耗水系数（率），依据《山东省水资源综合规划》（2007），取值范围为 0.3 ~ 1.0。

5）水库蓄水变量 $W_{蓄}$

大中型水库历年逐月蓄水变量根据历年逐月实测水位及库容曲线查算；小型水库根

据调查值分配至月。月分配采用下面两种方法：

（1）直接移用流域内实测月过程。

（2）当年蓄水变量为正时，分配到年内汛期各月，分配时考虑汛期各月降水量大小；当年蓄水变量为负时，分配到枯水期各灌溉月，分配时考虑各月需水量大小。

6）跨流域引水量 $W_{引水}$

南四湖流域跨流域引水量主要是指引黄水量汇入到河道中的部分水量、控制站以上流域间调配水量。引黄灌溉退水量的计算采用各引黄闸实测引黄水量，乘以退水系数求得，退水系数为 $0 \sim 0.3$。

7）水库渗漏量 $W_{库渗}$

本项目仅对渗漏量较大的水库站进行水量还原计算，并采用如下水量平衡方程估算水库渗漏量：

$$W_{库渗} = W_入 + W_雨 - W_出 - W_蒸 \pm W_{库蓄} \tag{4-10}$$

式中：$W_入$ 为月入库径流量，即从库区水面周边上游流入水库的水量；$W_雨$ 为月水库水面降水量；$W_出$ 为月出库径流量；$W_蒸$ 为月水库水面蒸发量；$W_{库蓄}$ 为水库月蓄水变量。

在有实测入库径流资料时，用上式直接计算 $W_{库蓄}$；无实测入库径流资料时，选用枯水季节入库径流量为零的月份，用上式估算 $W_{库蓄}$。然后，点绘该库月平均水位与月渗漏量相关图，并用各月平均水位在相关线上查得相应月份水库渗漏水量。

水库渗漏量仅用于水库本站的还原计算。对于其下游站来说，水库渗漏水量一般会汇流到测流断面，故不予考虑。

2. 双累积曲线法

根据人类活动前的资料建立降水径流关系，进而计算逐年（包括人类活动以后）径流量 $R_计$，并推求其累积值。它与逐年径流量 $R_实$ 的累积值绘制的相关线，称为径流双累积曲线。

在下垫面条件未改变的情况下，实测径流量等于天然径流量，径流双累积曲线为 45°直线。在人类活动的影响下，实测径流量往往小于天然径流量，双累积曲线偏离 45°线，依据逐年偏离幅度即可推求相应年份的还原水量。

4.2.1.2　单站径流资料的插补延长

单站径流还原计算只针对有实测径流资料的年份，为得到 1956～2010 年同步期天然年径流量系列，需要对无实测径流资料的年份进行插补延长。《山东省水资源综合规划》（2007）主要采用以下方法进行资料系列的插补展延：

（1）相关分析法：采用插补站流域平均年降水量—天然年径流深或参证站—插补站天然年径流深相关关系进行插补。选用的参证站一般是插补站的上、下游站或相邻流域水文站，且与插补站的气候和下垫面条件基本一致。

（2）水文比拟法：指直接采用参证站（上、下游站或相似流域站）的天然年径流深或年径流系数，插补延长缺测年份的天然径流资料。

4.2.1.3　单站成果的合理性检查

对单站径流还原成果，主要从如下几个方面进行合理性审查：

（1）单站流域平均年降水量—年径流深关系检查：点绘还原修正后的各站历年降水

量—径流深关系图,绝大部分站点点据分布比较集中、无系统偏差、相关性较好。对有些站个别偏离关系线较远的点据进行深入分析,找出偏离原因,并对个别不合理的点据进行修正。

(2)上下游水量平衡检查:对具有两个或两个以上选用站的河流都作了水量平衡检查,基本上符合一般规律。

(3)对上下游、不同地区间年降水量、年径流深、年径流系数以及年降水—径流关系进行了对照检查,符合一般规律。

(4)逐站对月天然径流过程进行合理性检查。汛期,各月天然径流量与月降水量相应;枯水期,月天然径流量的变化过程符合天然径流的退水规律。对降水、径流不相应或天然月径流量出现负值的情况,都查明了原因,并视不同情况进行适当调整。

4.2.2　年径流深等值线图的编制

4.2.2.1　单站年径流深统计参数的确定

对各选用站年径流深统计参数(均值、C_v 值)采用矩法公式计算,不作适线调整,各公式同前。

4.2.2.2　年径流深均值等值线图的编制

在单站天然年径流量计算的基础上,绘制南四湖流域年径流深等值线图。在勾绘等值线图之前,各站多年平均年径流深的点据位置的确定采用如下方法:

(1)当集水面积内自然地理条件基本一致、高程变化不大时,点据位置定于集水面积的形心处。

(2)当集水面积内高程变化较大、径流深分布不均匀时,借助降水量等值线图选定点据位置。

(3)区间点据一般点绘于区间面积的形心处,当区间面积内降水分布明显不均匀时,参考降水分布情况适当改变区间点据位置。

绘制等值线时,综合考虑地形、地貌、地质等下垫面条件的空间分布以及降水的影响,南四湖流域 1956～2010 年平均年径流深等值线见图 4-13。

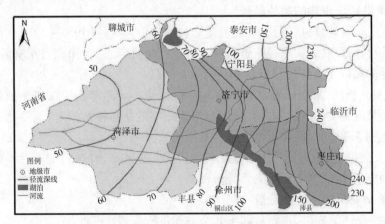

图 4-13　南四湖流域多年平均径流深等值线

等值线间距:年径流深的间距为 10 ~ 50 mm。

4.2.2.3　等值线图的合理性检查

主要从以下几个方面对多年平均年径流深等值线图进行合理性检查:

(1)多年平均年径流深等值线的分布、走向、高低值区与地理位置、地形、地貌、地质和植被等自然地理特性间的关系,经检查符合一般规律。

(2)对各主要河流控制站、水资源三级区用等值线图量算水量与还原计算水量进行对比,见表 4-12。由此表可知,每个分区的量算值与计算值的相对误差最大值为 2.6%,均小于 ±5% 的允许误差,表明 1956 ~ 2010 年多年平均径流深等值线图精度高。

表 4-12　南四湖流域水资源三级区 1956 ~ 2010 年径流深等值线图量算值与计算值相对误差统计

水资源三级区	计算值(mm)	量算值(mm)	相对误差(%)
湖东区	123.2	121.8	− 1.1
湖西区	58.8	60.4	2.6

(3)与年降水量均值等值线图进行对照,两种等值线的走向基本一致,高、低值区基本相应,等值线的变化梯度也基本相应,合乎基本规律。

(4)与《山东省水资源综合规划》(2007)等以往相关成果进行了对照,地区分布基本一致;与邻近区域的等值线也进行了对照,衔接良好。

4.2.3　分区地表水资源量

分区地表水资源量即现状条件下的区域天然径流量。本次评价对各分区分别计算 1956 ~ 2010 年的均值、变差系数 C_v 和 20%、50%、75% 和 95% 四个保证率的年天然径流量。

频率计算采用 P - Ⅲ型曲线,各分区均值采用算数平均法计算,变差系数 C_v 值采用适线成果,$C_s/C_v = 2.0$。

分区水资源量的计算,与降水部分相同,包括水资源三级区套地市和地级行政分区的地表水资源量。

4.2.3.1　水资源三级区套地市的天然径流量计算

各水资源分区天然径流量的计算从地级行政区开始。首先计算地级行政区的天然年径流量系列,然后用面积加权的方法,逐级算出三级、二级、一级分区的天然年径流量系列,并分别计算四个系列的统计参数和不同保证率的天然年径流量。

各水资源三级区套地市的年天然径流量的计算方法如下:

(1)分区内有控制站时,根据选用控制站近期下垫面条件下的天然径流系列,用水文比拟法求得未控区的天然径流量系列,二者逐年相加,求得该分区的天然年径流量系列。

未控区的径流量计算,分以下几种情况分别进行:

①面积比缩放法:当分区内选用水文站能控制该区面积的绝大部分,且控制站上下游降水、产流等条件相近时,根据控制站以上天然年径流量,除以控制站集水面积,求得控制站以上的平均年径流深,并直接借用到未控区上计算未控区的天然年径流量。

②径流系数法：当分区内控制站上下游降水量差异较大而产流条件相似时，借用控制站以上的年径流系数，乘以未控区的年降水量，求得未控区的年径流量。

③径流特征值移置法：当未控区与邻近流域气候及自然地理条件相似时，直接移用邻近站的年径流深、年径流系数或年降水量—年径流深关系，根据未控区年降水量、未控区面积推求未控区的年径流量。

（2）分区内没有控制站时，借用邻近自然地理特征相似流域的年径流系数或年降水量—年径流深关系，并根据本分区面平均年降水量，求得分区年径流量；或直接借用邻近相似流域的年径流深，乘以该分区面积求得。

水资源三级区套地市的多年平均天然径流量成果见表 4-13。

表 4-13　南四湖流域水资源三级区套地市的多年平均天然径流量

一级区	二级区	三级区	地级行政区	统计参数				不同频率年地表水资源量（万 m³）			
				径流量均值（万 m³）	径流深均值（mm）	C_v	C_s/C_v	20%	50%	75%	95%
淮河流域	南四湖	湖东区	济宁	71 600	95.9	0.77	2	109 421	58 148	31 354	9 962
			泰安	7 358	66.8	0.85	2	11 486	5 669	2 855	728
			枣庄	63 602	211.3	0.59	2	90 993	56 471	35 833	17 070
			小计	142 560	123.2	0.62	2	206 728	125 059	77 153	34 374
		湖西区	济宁	29 332	78.1	0.65	2	43 059	25 328	15 223	6 453
			菏泽	61 888	52.7	0.58	2	88 092	55 068	35 326	17 378
			小计	91 220	58.8	0.55	2	128 347	82 189	54 094	27 001
南四湖流域				233 780	86.3	0.58	2	333 304	208 559	133 441	63 476

南四湖流域 1956～2010 年系列多年平均天然径流量为 233 780 万 m³。就多年平均年径流深而言，各水资源三级区套地市中，湖东枣庄市年径流深最大，为 211.3 mm；湖西菏泽市最小，为 52.7 mm。年径流深仅有湖东枣庄大于 100 mm，其他分区均小于 100 mm。就多年平均年径流量而言，湖东济宁年径流量最大，为 71 600 万 m³；湖东泰安最小，为 7 358 万 m³。

4.2.3.2　地级行政分区天然径流量计算

地级行政区的天然径流量等于其被水资源三级套地市分区界线所分割的各单元天然径流量之和。在计算出各地级市天然年径流量系列之后，再分别计算出四个系列的统计参数和不同保证率的天然年径流量。

水资源地级行政区的多年平均天然径流量计算成果见表 4-14。

南四湖流域 1956～2010 年系列多年平均天然径流量为 233 780 万 m³。就多年平均年径流深而言，各地级行政区中，枣庄市年径流深最大，为 211.3 mm；菏泽市最小，为 52.7 mm。年径流深仅有枣庄市大于 100 mm。就多年平均年径流量而言，济宁市年径流量最大，为 100 932 万 m³；泰安市最小，为 7 358 万 m³。

表 4-14　南四湖流域地级行政区的多年平均天然径流量

地级行政区	统计参数				不同频率年地表水资源量（万 m^3）			
	径流量均值（万 m^3）	径流深均值（mm）	C_v	C_s/C_v	20%	50%	75%	95%
济宁市	100 932	90.0	0.62	2	145 989	87 791	54 625	25 839
枣庄市	63 601	211.3	0.59	2	90 993	56 471	35 833	17 070
菏泽市	61 888	52.7	0.58	2	88 092	55 068	35 326	17 378
泰安市	7 358	66.8	0.85	2	11 486	5 669	2 855	728
流域	233 780	86.3	0.58	2	333 304	208 559	133 441	63 476

4.2.4　年径流深的地区分布

受降水和下垫面条件的制约影响,径流深的地区分布相似于降雨在区域上的分布,而在下垫面条件变化剧烈的地区,又主要取决于下垫面的变化。从南四湖流域 1956～2010 年平均年径流深等值线图(见图 4-13)上可以看出:年径流深的分布很不均匀,总的分布趋势是自东部向西部递减,等值线走向多呈南北走向,山区径流深远大于平原区。多年平均年径流深多为 50～240 mm。100 mm 等值线自济宁市的曲阜,经济宁市的邹城,至枣庄市的滕州。该等值线西部大部分是平原地区,多年平均径流深均小于 100 mm;该线的东部,均大于 100 mm。

全国按年径流深多寡划分的五大地带是:

(1)丰水带:年径流深在 1 000 mm 以上,相当于降水的十分湿润带;

(2)多水带:年径流深为 300～1 000 mm,相当于降水的湿润带;

(3)过渡带:年径流深为 50～300 mm,相当于降水的过渡带;

(4)少水带:年径流深为 10～50 mm,相当于降水的干旱带;

(5)干涸带:年径流深在 10 mm 以下。

根据全国划分的五大类型地带,南四湖流域属于过渡带。

4.2.5　径流量的年际变化和年内分配

4.2.5.1　径流量的年际变化

南四湖流域 1956～2010 年系列多年平均天然径流量为 233 780 万 m^3,年径流量变差系数为 0.58。从年径流量的变差系数 C_v 来看,天然径流量的年际变化幅度比降水量的变化幅度要大得多。南四湖流域各水资源分区 1956～2010 年径流量年际变化见表 4-15 和表 4-16。

由表 4-15 和表 4-16 可知,南四湖流域最大年径流量为 702 210 万 m^3,发生在 1964 年;最小年径流量为 29 858 万 m^3,发生在 1968 年;极值比为 23.5,极值差为 672 353 万 m^3。其中,湖东区多年平均年径流量为 142 560 万 m^3,年径流变差系数 0.62;最大年径流量为 440 169 万 m^3,发生在 1964 年;最小年径流量为 -26 470 万 m^3(由于南四湖湖区蒸

表 4-15　　南四湖流域水资源三级区套地市的年径流量年际变化情况

一级区	二级区	三级区	地级行政区	多年平均年径流量（万 m³）	变差系数	最大年径流量		最小年径流量		极值比	极值差（万 m³）
						发生年份	量值（万 m³）	发生年份	量值（万 m³）		
淮河流域	南四湖	湖东区	济宁	71 600	0.77	1964	263 779	1968	−52 543	—	316 323
			泰安	7 358	0.85	1964	48 857	1989	331	147.8	48 526
			枣庄	63 602	0.59	1957	166 611	1981	21 700	7.7	144 911
			小计	142 560	0.62	1964	440 169	1968	−26 470	—	466 639
		湖西区	济宁	29 332	0.65	1964	103 553	1988	7 880	13.1	95 674
			菏泽	61 888	0.58	1964	158 488	1988	13 398	11.8	145 089
			小计	91 220	0.55	1964	262 041	1988	21 278	12.3	240 763
南四湖流域				233 780	0.58	1964	702 210	1968	29 858	23.5	672 353

表 4-16　　南四湖流域地级行政区的年径流量年际变化情况

地级行政区	多年平均年径流量（万 m³）	变差系数	最大年径流量		最小年径流量		极值比	极值差（万 m³）
			发生年份	量值（万 m³）	发生年份	量值（万 m³）		
济宁市	100 932	0.62	1964	367 333	1968	−37 923	—	405 256
枣庄市	63 602	0.59	1957	166 611	1981	21 700	7.7	144 911
菏泽市	61 888	0.58	1964	158 488	1988	13 398	11.8	145 089
泰安市	7 358	0.85	1964	48 857	1989	331	147.8	48 526
流域	233 780	0.58	1964	702 210	1968	29 858	23.5	672 353

发量大于降雨量,因此为负值),发生在 1968 年;极差 466 639 万 m³。湖西区多年平均年径流量为 91 220 万 m³,年径流变差系数 0.55;最大年径流量为 262 041 万 m³,发生在 1964 年;最小年径流量为 21 278 万 m³,发生在 1988 年;极值比为 12.3,极值差为 240 763 万 m³。在各水资源三级区套地市的分区中,湖东泰安的极值比最大,为 147.8;湖东济宁的极值差最大,为 316 323 万 m³。在各地级行政区中,泰安市的极值比最大,为 147.8;济宁市的极值差最大,为 405 256 万 m³。

从上述分析来看,南四湖流域天然年径流的年际变化大,丰枯相差悬殊,极值比和极值差较大。

南四湖流域天然径流量不仅年际变化幅度大,而且有连续丰水年和连续枯水年现象。图 4-14 和图 4-15 为 1956～2010 年南四湖流域年径流量过程线和年径流量差积曲线。由此看出,南四湖流域年径流量的多年变化具有明显的丰、枯水交替出现的特点,并且连续丰水年和连续枯水年的出现十分明显。这些年际变化的特征给水资源开发利用带来很大的困难,严重影响了工农业生产和城乡人民的生活。

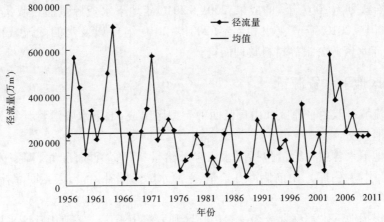

图 4-14　南四湖流域 1956~2010 年径流量过程线

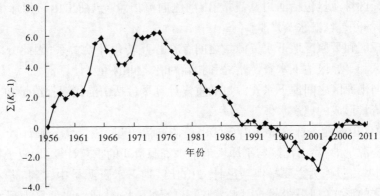

图 4-15　南四湖流域 1956~2010 年径流量差积曲线

4.2.5.2　径流量的年内分配

南四湖流域河川径流量呈现汛期径流集中、季节径流变化大、最大最小月径流相差悬殊等特点,年内分配的不均匀性超过降水。年径流量主要集中在 6~9 月,约占年径流量的 72%;其中又以 7、8 月居多,约占年径流量的 49%。

天然径流量年内变化非常不均匀,汛期洪水暴涨暴落,突如其来的特大洪水不仅无法充分利用,还会造成严重的洪涝灾害;枯水季河川径流量很少,导致河道经常断流,水资源供需矛盾突出。河川径流年内分配高度集中的特点,给水资源的开发利用带来了困难,严重制约了南四湖流域社会经济的快速健康发展。

4.3　地下水资源量

地下水资源量是指与当地降水和地表水体有直接补排关系的动态水量,即地下水体中参与水循环且可以逐年更新的浅层水动态水量,包括潜水及与当地潜水具有较密切水力联系的弱承压水。本次评价的重点是矿化度 $M \leqslant 2$ g/L 的浅层淡水,计算 1956~2010

年多年平均地下水资源量。本次评价 1956～2000 年南四湖流域地下水资源量采用《山东省水资源综合规划》(2007 年)的成果;2001～2010 年地下水资源量通过收集《山东省水资源公报(2001～2010 年)》、《水利年鉴(2001～2010 年)》以及南四湖流域相关各地市 2001～2010 年水资源公报等材料整理而得。

4.3.1　分区地下水资源量

南四湖流域一般由平原区和山丘区两种类型区组成,地下水资源量计算分别采用补给量法和排泄量法。

平原区地下水各项补给量包括降水入渗补给量、河道渗漏补给量、灌溉入渗补给量(引黄、引河、引湖、引库)、山前侧渗补给量、平原水库渗漏补给量、人工回灌补给量、井灌回归补给量等。

山丘区根据地下水类型划分为一般山丘和岩溶山丘区。一般山丘区采用排泄法计算地下水资源量;岩溶山丘区采用降水综合入渗系数法计算地下水资源量,用排泄量法校核。一般山丘区排泄量包括河川基流量、山前侧向流出量(包括出山口河床潜流量)、浅层地下水实际开采量、潜水蒸发量。

由于山丘区和平原区地下水资源量之间存在相互转化补给关系,因此分区地下水资源量为山丘区和平原区地下水资源量之和扣除两者之间的重复计算量。

山丘区与平原区之间地下水资源量的重复计算量包括山前侧渗补给量和本水资源一级区河川基流量形成的地表水体补给量。

(1)平原区山前侧渗补给量即山丘区山前侧向流出量,该量已分别计入山丘区和平原区地下水资源量中,属山丘区与平原区地下水资源量间的重复计算量,应予扣除。

(2)河川基流量作为主要排泄项已计入山丘区地下水资源量中,当其进入平原区后又以地表水体的形式(河渠渗漏或引水灌溉)补给地下水,并成为平原区地下水资源量的一部分。因此,由山丘区河川基流形成的地表水体补给量也属于山丘区与平原区地下水资源量间的重复计算量,应予扣除。该量采用下式进行估算:

$$D = Q_{地表补} K \tag{4-11}$$

式中:D 为山丘区河川基流形成的地表水体补给量;$Q_{地表补}$ 为平原区地表水体补给量;K 为一般山丘区水资源三级区平均河川基流量与河川径流量的比值。

根据山丘区和平原区 1956～2010 年多年平均地下水资源量及两者之间重复计算量,采用下式计算南四湖流域地下水资源量:

$$Q_{资} = P_{r山} + Q_{平资} - Q_{侧补} - Q_{基补} \tag{4-12}$$

式中:$Q_{资}$ 为分区多年平均地下水资源量,万 m^3/a;$P_{r山}$ 为山丘区多年平均地下水资源量,万 m^3/a;$Q_{平资}$ 为平原区多年平均地下水资源量,万 m^3/a;$Q_{侧补}$ 为平原区多年平均山前侧渗补给量,万 m^3/a;$Q_{基补}$ 为平原区多年平均水资源一级区河川基流形成的地表水体补给量,万 m^3/a。

南四湖流域水资源三级区套地市和地级行政区多年平均地下水资源量计算成果详见表 4-17、表 4-18。

表 4-17　南四湖流域水资源三级区套地市多年平均地下水资源

一级区	二级区	三级区	地级行政区	山丘区		平原区		重复计算量（万 m³）	全区地下水资源量（万 m³）	地下水资源模数（万 m³/（km²·a））
				面积（km²）	地下水资源量（万 m³）	面积（km²）	地下水资源量（万 m³）			
淮河流域	南四湖	湖东区	济宁	3 169	35 706	3 028	58 784	14 721	79 770	12.9
			泰安	610	8 845	492	6 907	936	14 816	13.4
			枣庄	2 043	29 368	967	19 360	2 369	46 359	15.4
			小计	5 822	73 919	4 487	85 051	18 026	140 945	13.7
		湖西区	济宁			3 456	55 516		55 516	16.1
			菏泽			10 208	174 515		174 515	17.1
			小计			13 664	230 031		230 031	16.8
流域			合计	5 822	73 919	18 151	315 082	18 026	370 976	15.5

表 4-18　南四湖流域地级行政区多年平均地下水资源

地级行政区	山丘区		平原区		重复计算量（万 m³）	全区地下水资源量（万 m³）	地下水资源模数（万 m³/（km²·a））
	面积（km²）	地下水资源量（万 m³）	面积（km²）	地下水资源量（万 m³）			
济宁市	3 169	35 706	6 484	114 300	14 721	135 286	14.0
枣庄市	2 043	29 368	967	19 360	2 369	46 359	15.4
菏泽市			10 208	174 515		174 515	17.1
泰安市	610	8 845	492	6 907	936	14 816	13.4
流域	5 822	73 919	18 151	315 082	18 026	370 976	15.5

　　南四湖流域浅层地下淡水多年平均水资源量为 370 976 万 m³，其中山丘区为 73 919 万 m³，平原区为 315 082 万 m³，重复计算量为 18 026 万 m³，多年平均地下水资源量模数为 15.5 万 m³/（km²·a）。在水资源三级区套地市的分区中，湖西区菏泽市多年平均地下水资源模数最大为 17.1 万 m³/（km²·a），其次为湖西区济宁市 16.1 万 m³/（km²·a）；湖东区济宁市最小为 12.9 万 m³/（km²·a）。在地级行政分区中，菏泽市多年平均地下水资源模数最大为 17.1 万 m³/（km²·a）；其次为枣庄市 15.4 万 m³/（km²·a）；泰安市最小为 13.4 万 m³/（km²·a）。

4.3.2　地下水资源时空分布

4.3.2.1　地下水资源地域分布特征

　　地下水资源的地区分布受地形、地貌、水文气象、水文地质条件及人类活动等多种因素影响,地下水资源量存在地区差异。

从表 4-17 可以看出,南四湖流域地下水资源模数为 15. 5 万 m³/(km²·a),湖东区为 13. 7 万 m³/(km²·a),湖西区为 16. 8 万 m³/(km²·a),湖东区小于湖西区;在湖东区中,地下水资源模数由大到小依次为枣庄、泰安、济宁,分别为 15. 4 万 m³/(km²·a)、13. 4 万 m³/(km²·a)、12. 9 万 m³/(km²·a);在湖西区中,地下水资源模数由大到小依次为菏泽、济宁,分别为 17. 1 万 m³/(km²·a)、16. 1 万 m³/(km²·a)。

从表 4-17 可以看出,各地市地下水资源模数由大到小依次为菏泽、枣庄、济宁、泰安,分别为 17. 1 万 m³/(km²·a)、15. 4 万 m³/(km²·a)、14. 0 万 m³/(km²·a)、13. 4 万 m³/(km²·a)。

4.3.2.2 地下水资源的年际变化

南四湖流域地下水资源的补给主要来源于大气降水,降水入渗补给量占总地下水资源量的近 90%,因此地下水资源量与降水量的变化密切相关,地下水资源量的年际变化幅度比降水量的年际变化幅度大,山丘区地下水资源量的年际变化幅度大于平原区。

在 1956~2010 年期间降水量的年际变化具有丰、枯交替及连续丰水年和连续枯水年的现象出现,随降水量的丰枯变化,地下水资源量的年际间的差异也很大。图 4-16 是南四湖流域 1956~2010 年地下水资源量与降水量过程线的对比图,由此图可见地下水资源量与降水量的变化趋势基本是一致的。降水量最大值出现在 1964 年,为 1 113. 8 mm,最小值出现在 1988 年,为 385. 5 mm,极值比为 2. 9;地下水资源量最大值出现在 1964 年,为 688 489. 0 万 m³,最小值出现在 1988 年,为 156 292. 6 万 m³,极值比为 4. 4。可见,地下水资源量和降水量极值出现的时间是一致的;由极值比可知,地下水资源量的变化幅度大于降水量。

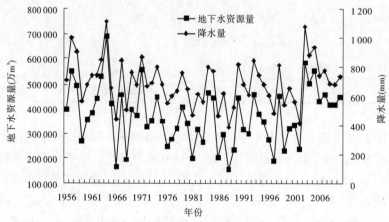

图 4-16   南四湖流域 1956~2010 年地下水资源量与降水量过程线对比

4.4   水资源总量

一定区域内的水资源总量是指当地降水形成的地表和地下产水量,即地表径流量与降水入渗补给量之和。

水资源总量采用下式计算：

$$W = R_s + P_r = R + P_r - R_g \tag{4-13}$$

式中：W 为水资源总量；R_s 为地表径流量（河川径流量与河川基流量之差）；P_r 为降水入渗补给量；R 为河川径流量，即地表水资源量；R_g 为河川基流量。

计算时，首先计算各分区水资源总量系列，各项分量系列直接采用地表水资源和地下水资源评价成果相应系列，然后计算不同时段的统计特征值。

本次评价 1956 ~ 2000 年南四湖流域水资源总量采用《山东省水资源综合规划》（2007 年）的成果；2001 ~ 2010 年水资源总量通过收集《山东省水资源公报（2001 ~ 2010 年）》、《水利年鉴（2001 ~ 2010 年）》以及南四湖流域相关各地市 2001 ~ 2010 年水资源公报等材料整理而得。

南四湖流域水资源三级区套地市的多年平均水资源总量成果见表 4-19，水资源地级行政区的多年平均水资源总量成果见表 4-20。

表 4-19 南四湖流域水资源三级区套地市的多年平均水资源总量

一级区	二级区	三级区	地级行政区	统计参数			不同频率水资源总量（万 m³）			
				均值（万 m³）	C_v	C_s/C_v	20%	50%	75%	95%
淮河流域	南四湖	湖东区	济宁	130 196	0.62	2	188 800	114 213	70 462	31 393
			泰安	17 586	0.65	2	25 816	15 186	9 127	3 869
			枣庄	88 581	0.49	2	121 569	81 637	56 896	31 287
			小计	236 364	0.62	2	343 342	208 520	127 920	54 647
		湖西区	济宁	72 205	0.44	2	96 668	67 439	49 013	29 315
			菏泽	213 598	0.37	2	276 032	204 114	156 695	101 373
			小计	285 802	0.38	2	370 514	271 684	206 521	135 928
南四湖流域				522 166	0.46	2	707 117	486 136	346 823	197 901

表 4-20 南四湖流域地级行政区的多年平均水资源总量

地级行政区	统计参数			不同频率年水资源总量（万 m³）			
	均值（万 m³）	C_v	C_s/C_v	20%	50%	75%	95%
济宁市	202 401	0.45	2	272 533	188 739	135 912	79 442
枣庄市	88 581	0.49	2	121 569	81 637	56 896	31 287
菏泽市	213 598	0.37	2	276 032	204 114	156 695	101 373
泰安市	17 586	0.65	2	25 816	15 186	9 127	3 869
流域	522 166	0.46	2	707 117	486 136	346 823	197 901

评价结果:1956～2010年南四湖流域多年平均水资源总量约为52.22亿 m³。

水资源分布特征:南四湖流域属于半湿润气候带,多年平均水资源模数为19.29万 m³/(km²·a),按照水资源三级区多年平均水资源模数湖东区20.42万 m³/(km²·a)大于湖西区18.44万 m³/(km²·a);按照水资源三级区套地市多年平均水资源模数湖东枣庄最大,为29.43万 m³/(km²·a),湖东泰安最小,为15.96万 m³/(km²·a);按照行政分区多年平均水资源模数由大到小依次为枣庄市、菏泽市、济宁市、泰安市,分别为29.43万 m³/(km²·a)、18.18万 m³/(km²·a)、18.04万 m³/(km²·a)、15.96万 m³/(km²·a)。

4.5　水资源评价成果合理性分析

本次水资源评价采用1956～2010年系列水文数据,《山东省水资源综合规划》(2007年)采用1956～2000年系列水文数据,前者比后者多10年;为验证本次评价成果的合理性,对本次评价的成果与《山东省水资源综合规划》(2007年)成果进行综合比较。在此指出,比较的是山东省南四湖流域的评价成果,比较结果见表4-21。

表4-21　本次评价与省综合规划水资源量评价成果对比

评价成果			本次评价	《山东省水资源综合规划》(2007年)	差值
资料系列			1956～2010年	1956～2000年	
评价面积（km²）	地表水资源分区面积		27 076	27 075	
	地下水评价面积	平原区	18 151	18 151	
		山丘区	5 822	5 822	
		小计	23 973	23 973	
多年平均降水量(mm)			695.8	684.6	11.2
多年平均地表水资源量(万 m³)			233 780	222 177	11 603
多年平均地下水资源量(万 m³)			370 976	352 917	18 059
地表与地下重复计算量(万 m³)			82 590	76 304	6 286
多年平均水资源总量(万 m³)			522 166	498 790	23 376

4.5.1　计算面积

本次评价的地表水资源分区面积和地下水评价面积与《山东省水资源综合规划》(2007年)相同。

4.5.2　评价方法

降水量评价方法:采用方法相同,均为先采用算术平均法计算各水资源最低一级分区的面平均降水量,然后采用面积加权法依次计算各水资源更高一级分区的面降水量,直到各水资源一级区。

地表水资源量评价方法:本次评价 1956～2000 年地表水资源量直接采用《山东省水资源综合规划》(2007 年)的结果,还原计算的方法是分项调查法;对 2001～2010 年地表水资源量进行评价时,还原计算的方法是双累积曲线法。

地下水资源量评价方法:本次评价 1956～2000 年地下水资源量直接采用《山东省水资源综合规划》(2007 年)的结果,平原区和山丘区分别采用补给法和排泄量法计算;2001～2010 年地下水资源量通过《水利年鉴》和《水资源公报》等资料获取。

4.5.3　降水量对比

本次评价的多年平均降水量结果为 695.8 mm,省水资源综合规划为 684.6 mm,前者较后者大 11.2 mm。这是由 2001～2010 年的平均降水量为 748.8 mm,大于 1956～2000 年平均降水量 695.8 mm 造成的。

4.5.4　水资源量对比

本次评价的多年平均地表水资源量为 233 780 万 m^3,比《山东省水资源综合规划》(2007 年)评价结果多 11 603 万 m^3;多年平均地下水资源量为 370 976 万 m^3,比《山东省水资源综合规划》(2007 年)评价结果多 18 059 万 m^3;多年平均地表与地下重复计算量为 82 590 万 m^3,比省综合规划评价结果多 6 286 万 m^3;多年平均水资源总量为 522 166 万 m^3,比省综合规划多 23 376 万 m^3。

由对比结果可以看出,本次评价采用的水文资料系列比省水资源规划长 10 年,计算面积相同;多年平均降水量比省水资源综合规划大 11.2 mm;多年平均地表水资源量、地下水资源量和水资源总量均大于省水资源综合规划评价结果。究其原因,随着城市化进程的不断加快,城市规模不断扩大,硬化面积不断增加,改变了原有下垫面条件下的产汇流机制,地表径流系数变大,一般绿地径流系数为 0.15,而屋顶、一般沥青和混凝上硬化面径流系数可达 0.8～0.9,又加之降水量的增多,使得本次评价成果比省综合规划大。

综上分析认为,本次评价成果比省水资源综合规划稍大,主要是降水量增大和人为活动的影响特别是硬化面积的增加等因素造成的,本次评价结果基本合理。

4.6　水资源可利用量分析

4.6.1　水资源可利用量的概念

水资源可利用量是不同水平年可供水量分析的基本依据,是水资源合理配置的前提,是从资源的角度分析可能被消耗利用的水资源量。

水资源可利用量分为地表水资源可利用量、地下水资源可开采量和水资源可利用总量。其中,地表水资源可利用量是指在可预见的时期内,在统筹考虑生活、生产和生态环境用水,协调河道内与河道外用水的基础上,通过经济合理、技术可行的措施可供河道外一次性利用的最大水量(不包括回归水的重复利用)。地下水可开采量是指在可预见的时期内,通过经济合理、技术可行的措施,在不致引起生态环境恶化的条件下,允许从含水层中获取的最大水量。其评价范围为目前已经开采和有开采前景的地区,本次评价的重点是矿化度≤2 g/L 的多年平均浅层地下水可开采量。水资源可利用总量是指在可预见的时期内,在统筹考虑生活、生产和生态环境用水要求的基础上,通过经济合理、技术可行的措施在当地水资源总量中可以一次性利用的最大水量。

本次按水资源三级区套地市和地级行政区分析计算多年平均和 20%、50%、75%、95% 频率情况下的水资源可利用量。

4.6.2　水资源可利用量分析原则

水资源可利用量分析计算遵循以下原则。

4.6.2.1　水资源可持续利用的原则

水资源可利用量是以水资源可持续开发利用为前提,水资源的开发利用要对经济社会的发展起促进和保障作用,且又不对生态环境造成破坏。水资源可利用量是分析水资源合理开发利用的最大限度和潜力,将水资源的开发利用控制在合理的范围内,充分利用当地水资源和合理配置水资源,保障水资源的可持续利用。

4.6.2.2　统筹兼顾及保证河道内最小生态环境需水的原则

水资源开发利用遵循高效、公平和可持续利用的原则,统筹协调生活、生产和生态等各项用水。同时为保持人与自然的和谐相处,保护生态环境,促进经济社会的可持续发展,必须维持生态环境最基本的需水要求。因此,在统筹河道内与河道外各项用水中,应优先保证河道内最小生态环境需水要求。

4.6.2.3　以流域水系为系统的原则

水资源的分布以流域水系的系统性为特征。流域内的水资源具有水力联系,它们之间相互影响、相互作用,形成一个完整的水资源系统。水资源量是按流域和水系独立计算的,同样水资源可利用量也应按流域和水系进行分析,以保持计算成果的一致性、准确性和完整性。

4.6.2.4　因地制宜的原则

受地理条件和经济发展的制约,各地水资源条件、生态环境状况和经济社会发展程度不同,各地水资源开发利用的模式也不同。因此,不同类型、不同流域水系的可利用量分析应根据资料条件和具体情况,选择相适宜的计算方法。

4.6.3　地表水资源可利用量

地表水资源可利用量是水资源开发利用规划和管理的科学依据之一,正确估算地表水资源可利用量是水资源调查评价的一项重要工作。根据全国水资源综合规划大纲和南四湖流域实际工作基础,本次地表水资源可利用量估算所指的可预见期至 2030 年。本次估算采用 1956～2010 年资料系列。

4.6.3.1　地表水资源可利用量估算方法

本次地表水资源可利用量估算方法是水利部制定的《地表水资源可利用量估算方法》中推荐使用的方法。根据南四湖流域河流水系的特点,多年平均地表水资源可利用量的估算方法采用倒算法。

具体做法为:采用多年平均地表水资源量扣除不可以被利用水量和不可能被利用水量。不可以被利用水量是指不允许利用的水量,以免造成生态环境恶化及被破坏的严重后果,即必须满足的河道内生态环境用水量。不可能被利用水量是指受种种因素和条件的限制,没法被利用水量。主要包括:超出工程最大调蓄能力和供水能力的洪水量、在可预见时期内受工程经济技术性影响不可能被利用的水量,以及在可预见的时期内超出最大用水需求的水量。对南四湖流域而言,不可能被利用水量具体是指以未来工程最大调蓄与供水能力为控制条件、多年平均情况下的汛期难以控制利用的下泄洪水量,计算公式为

$$W_{\text{地表水可利用量}} = W_{\text{地表水资源量}} - W_{\text{河道内最小生态环境需水量}} - W_{\text{洪水弃水}} \tag{4-14}$$

1. 河道内生态环境需水量分析

南四湖流域河道内生态环境需水主要指维持河道基本功能的生态环境需水,包括河道基流量、冲沙输沙水量和水生生物保护水量。三者之间存在水量重叠,可以重复利用。对南四湖流域而言,在保证河道基流的条件下,其他二者的水量都可以满足。

根据部委技术细则,北方河流河道最小生态环境需水量采用天然径流量的 10% ~ 20% 计算。综合考虑如下因素:①南四湖流域地处半湿润气候带内,径流量的年内、年际变化较大,河道自然条件下有断流现象;②水资源的控制调节难度较大,属水资源短缺地区;③河流枯水期含沙量很低,也无特别需要保护的水生生物等因素,南四湖流域河流河道最小生态环境需水量按部委技术细则规定下限,即天然径流量的 10% 来计算。

2. 汛期难以控制利用洪水量分析

采用汛期天然径流量减去流域调蓄和耗用的最大水量,剩余的水量即为汛期难以控制利用下泄洪水量。流域调蓄和耗用的最大水量 W_m,根据 1990 ~ 2010 年的实际用水消耗量(由天然径流量与实测径流量之差计算)中选择最大值,并在对可预见期内新建调蓄工程供水能力和作用分析的基础上,对上述最大值进行适当地调整,作为汛期最大用水消耗量。

用汛期天然径流系列资料 $W_{i\text{年}}$ 减 W_m 得逐年汛期难于控制利用洪水量 $W_{\text{泄}}$(若 $W_{i\text{年}} - W_m < 0$,则 $W_{\text{泄}}$ 为 0),并计算其多年平均值。计算公式如下:

$$W_{\text{泄}} = \frac{1}{n} \times \sum (W_{i\text{年}} - W_m) \tag{4-15}$$

式中:$W_{\text{泄}}$ 为多年平均汛期难以控制利用洪水量;$W_{i\text{年}}$ 为第 i 年汛期天然径流量;W_m 为流域汛期最大调蓄及用水消耗量;n 为系列年数。

地表水资源可利用量的计算,首先估算各分区控制站以上的可利用量,未控区的可利用量采用已控区的地表水资源可利用率乘以未控区的地表水资源量求得,已控区和未控区的可利用量之和即为整个流域的地表水资源可利用量。

4.6.3.2　地表水资源可利用量估算成果

本次评价 1956 ~ 2000 年南四湖流域地表水资源可利用量采用《山东省水资源综合规划》(2007 年)的成果,2001 ~ 2010 年地表水资源量通过倒算法计算。经计算并从多方面进行合理性检查,南四湖多年平均地表水资源可利用量为 139 648 万 m³,可利用率为 59.7%。南四湖流域水资源三级区套地市的多年平均地表水资源可利用量见表 4-22,水资源地级行政区多年平均地表水资源可利用量见表 4-23。不同保证率下的地表水资源可利用量见表 4-24 和表 4-25。

表4-22　南四湖流域水资源三级区套地市的多年平均地表水资源可利用量计算成果

一级区	二级区	三级区	地级行政区	多年平均地表水资源量（万 m³）	地表水资源可利用量（万 m³）	地表水资源可利用率（%）
淮河流域	南四湖	湖东区	济宁	71 600	44 536	62.2
			泰安	7 358	4 040	54.9
			枣庄	63 602	45 371	71.3
			小计	142 560	93 947	65.9
		湖西区	济宁	29 332	18 567	63.3
			菏泽	61 888	27 134	43.8
			小计	91 220	45 701	50.1
南四湖流域				233 780	139 648	59.7

表4-23　南四湖流域地级行政区的多年平均地表水资源可利用量计算成果

地级行政区	多年平均地表水资源量（万 m³）	地表水资源可利用量（万 m³）	地表水资源可利用率（%）
济宁市	100 932	63 103	62.5
枣庄市	63 602	45 371	71.3
菏泽市	61 888	27 134	43.8
泰安市	7 358	4 040	54.9
流域	233 780	139 648	59.7

表4-24　南四湖流域水资源三级区套地市的不同保证率地表水资源可利用量计算成果

（单位:万 m³）

一级区	二级区	三级区	地级行政区	地表水资源可利用量				
				多年平均	20%	50%	75%	95%
淮河流域	南四湖	湖东区	济宁	44 536	62 589	38 494	24 519	8 388
			泰安	4 040	5 732	3 339	2 024	560
			枣庄	45 371	60 363	42 544	30 221	15 080
			小计	93 947	128 684	84 378	56 763	24 028
		湖西区	济宁	18 567	25 104	17 046	12 072	5 504
			菏泽	27 134	34 218	26 347	21 140	11 443
			小计	45 701	59 322	43 393	33 212	16 947
南四湖流域				139 648	188 006	127 770	89 976	40 975

表 4-25　南四湖流域地级行政区的不同保证率地表水资源可利用量计算成果

（单位：万 m³）

地级行政区	地表水资源可利用量				
	多年平均	20%	50%	75%	95%
济宁市	63 103	87 693	55 540	36 591	13 893
枣庄市	45 371	60 363	42 544	30 221	15 080
菏泽市	27 134	34 218	26 347	21 140	11 443
泰安市	4 040	5 732	3 339	2 024	560
流域	139 648	188 006	127 770	89 976	40 975

4.6.4　地下水资源可开采量

4.6.4.1　地下水资源可开采量估算方法

1. 平原区浅层地下水可开采量

平原区浅层地下水可开采量采用可开采系数法确定,计算公式如下:

$$Q_{可采} = \rho Q_{总补} \tag{4-16}$$

式中:$Q_{可采}$为浅层地下水可开采量,万 m³/a;ρ 为可开采系数,$\rho < 1$;$Q_{总补}$为浅层地下水总补给量,万 m³/a。

可开采系数 ρ 根据地下水动态资料、浅层地下水含水量的开采条件、实际开采状况及已出现的生态环境问题等分析确定。根据《山东省水资源综合规划》(2007 年),各水文地质类型区可开采系数采用范围为黄泛平原区 0.55 ~ 0.75,山间平原区 0.75 ~ 0.85,山前平原区 0.70 ~ 0.85。对于地下水超采区及海水入侵等生态环境脆弱地区,可开采系数取值低于上述取值范围。

2. 山丘区地下水可开采量

山丘区地下水可开采量是指以凿井方式开发利用的地下水资源量。由于山丘区水文地质条件及开采条件差异很大,地下水可开采量计算根据含水层类型、地下水富水程度、调蓄能力、开发利用情况等,以实际开采量和泉水流量(扣除已纳入地表水可利用量的部分)为基础,同时考虑生态恢复、地下水动态等,采用可开采系数法与实际开采量类比法等综合分析确定。根据《山东省水资源综合规划》(2007 年),可开采系数采用的范围:岩溶山区 0.70 ~ 0.85,一般山丘区 0.55 ~ 0.75。

3. 山丘区与平原区之间地下水可开采量重复计算量

重复计算量包括山前侧渗补给量和本水资源一级区河川基流量形成的地表水体补给量的可开采量,即将两项补给量之和乘以相应计算分区的可开采系数计算得出。

4.6.4.2　地下水资源可开采量估算成果

分区地下水可开采量为平原区和山丘区地下水可开采量之和扣除两者之间的重复计算量。本次评价 1956 ~ 2000 年南四湖流域地下水资源可开采量采用《山东省水资源综合规划》(2007 年)的成果;2001 ~ 2010 年地下水资源量采用可开采系数法计算,可开采系数直接采用省水资源规划的数据。南四湖流域水资源三级区套地市的多年平均地下水资源可利用量成果见表 4-26,水资源地级行政区多年平均地下水资源可利用量成果见表 4-27。

表4-26 南四湖流域水资源三级区套地市的多年平均地下水资源可利用量成果（$M \leqslant 2$ g/L）

一级区	二级区	三级区	地级行政区	山丘区				平原区				合计	
				计算面积（km²） F_1	地下水总补给量（万m³）(1)	可开采量（万m³）(2)	可开采模数（万m³/(km²·a)）(3)=(2)/F_1	计算面积（km²） F_2	地下水总补给量（万m³）(4)	可开采量（万m³）(5)	可开采模数（万m³/(km²·a)）(6)=(5)/F_2	可开采量（万m³）(7)=(2)+(5)-(8)	其中:山丘区与平原区可开采量间重复计算量（万m³）(8)
淮河流域	南四湖	湖东区	济宁	3 169	35 706	30 350	9.6	3 028	65 476	57 619	19.0	75 874	12 095
			泰安	610	8 845	7 518	12.3	492	7 687	6 765	13.7	13 378	905
			枣庄	2 043	29 368	23 494	11.5	967	20 829	18 329	19.0	39 563	2 260
			小计	5 822	73 919	61 363	10.5	4 487	93 992	82 713	18.4	128 816	15 260
		湖西区	济宁					3 456	57 172	47 453	13.7	47 453	
			菏泽					10 208	179 782	134 836	13.2	134 836	
			小计					13 664	236 954	182 289	13.3	182 289	
合计				5 822	73 919	61 363	10.5	18 151	330 946	265 002	14.6	311 105	15 260

表 4-27 南四湖流域地级行政区的多年平均地下水资源可利用量成果（$M \leq 2$ g/L）

地级行政区	山丘区				平原区				合计	
	计算面积（km²）	地下水总补给量（万 m³）	可开采量（万 m³）	可开采量模数（万 m³/(km²·a)）	计算面积（km²）	地下水总补给量（万 m³）	可开采量（万 m³）	可开采量模数（万 m³/(km²·a)）	可开采量（万 m³）	其中:山丘区与平原区可开采量间重复计算量（万 m³）
	F_1	(1)	(2)	(3)=(2)/F_1	F_2	(4)	(5)	(6)=(5)/F_2	(7)=(2)+(5)−(8)	(8)
济宁市	3 169	30 350	30 350	9.6	6 484	122 648	105 072	16.2	123 327	12 095
枣庄市	2 043	23 494	23 494	11.5	967	20 829	18 329	19.0	39 563	2 260
菏泽市					10 208	179 782	134 836	13.2	134 836	
泰安市	610	7 518	7 518	12.3	492	7 687	6 765	13.7	13 378	905
流域	5 822	61 363	61 363	10.5	18 151	330 946	265 002	14.6	311 105	15 260

计算结果表明,南四湖流域山丘区多年平均地下水可开采量为 61 363 万 m³/a,平原区多年平均地下水可开采量为 265 002 万 m³/a,重复计算量 15 260 万 m³/a,则全流域多年平均地下水可开采量为 311 105 万 m³/a,多年平均地下水可开采模数为 12.98 万 m³/(km²·a)。水资源分区中,湖东平原区的可开采量模数 18.4 万 m³/(km²·a) 大于湖西平原区的可开采量模数 13.3 万 m³/(km²·a);地级行政区中,枣庄平原区的可开采量模数最大,为 19.0 万 m³/(km²·a)。

4.6.5 水资源可利用总量

本次评价水资源可利用量的计算,采用地表水资源可利用量与浅层地下水资源可开采量相加扣除两者之间重复计算量的方法估算,计算公式如下:

$$Q_{总} = Q_{地表} + Q_{地下} - Q_{重} \tag{4-17}$$

其中

$$Q_{重} = \rho_{平可}(Q_{渠} + Q_{田}) + \rho_{山可}Q_{基}$$

式中:$Q_{总}$ 为水资源可利用总量;$Q_{地表}$ 为地表水资源可利用量;$Q_{地下}$ 为浅层地下水资源可开采量;$Q_{重}$ 为重复计算量;$Q_{渠}$ 为渠系渗漏补给量;$Q_{田}$ 为田间地表水灌溉入渗补给量;$Q_{基}$ 为山区河川基流量;$\rho_{平可}$ 为平原区可开采系数;$\rho_{山可}$ 为山区可开采系数。

本次评价 1956~2000 年南四湖流域水资源可利用总量采用《山东省水资源综合规划》(2007 年)的成果;2001~2010 年水资源可利用总量采用式(4-17)计算。水资源三级区套地市的多年平均水资源可利用量见表 4-28,水资源地级行政区多年平均水资源可利用量见表 4-29。不同保证率下的水资源可利用总量见表 4-30 和表 4-31。由表可知,南四湖流域水资源可利用总量为 405 803 万 m³。

表 4-28　南四湖流域水资源三级区套地市的多年平均水资源可利用量成果

(单位:万 m³)

一级区	二级区	三级区	地级行政区	多年平均地表水可利用量	多年平均浅层地下水可开采量				地表水可利用量与地下水可开采量间重复计算量	多年平均水资源可利用总量
					山丘区	平原区	平原区与山丘区重复计算量	合计		
淮河流域	南四湖	湖东区	济宁	44 536	30 350	57 619	12 095	75 874	16 810	103 600
			泰安	4 040	7 518	6 765	905	13 378	2 534	14 884
			枣庄	45 371	23 494	18 329	2 260	39 563	16 967	67 967
			小计	93 947	61 363	82 713	15 260	128 816	36 311	186 451
		湖西区	济宁	18 567		47 453		47 453	3 081	62 939
			菏泽	27 134		134 836		134 836	5 557	156 413
			小计	45 701		182 289		182 289	8 638	219 352
南四湖流域				139 648		265 002		311 105	44 949	405 803

表 4-29　南四湖流域地级行政区的多年平均水资源可利用量成果　（单位：万 m³）

地级行政区	多年平均地表水可利用量	多年平均浅层地下水可开采量				地表水可利用量与地下水可开采量间重复计算量	多年平均水资源可利用总量
		山丘区	平原区	平原区与山丘区重复计算量	合计		
济宁市	63 103	30 350	105 072	12 095	123 327	19 891	166 539
枣庄市	45 371	23 494	18 329	2 260	39 563	16 967	67 967
菏泽市	27 134		134 836		134 836	5 557	156 413
泰安市	4 040	7 518	6 765	905	13 378	2 534	14 884
流域	139 648	61 363	265 002	15 260	311 105	44 949	405 803

表 4-30　南四湖流域水资源三级区套地市的不同保证率水资源可利用总量成果

（单位：万 m³）

一级区	二级区	三级区	地级行政区	水资源可利用总量				
				多年平均	20%	50%	75%	95%
淮河流域	南四湖	湖东区	济宁	103 600	128 377	95 877	61 730	27 445
			泰安	14 884	17 589	13 170	8 054	3 422
			枣庄	67 967	89 746	65 140	47 726	22 405
			小计	186 451	235 713	174 187	117 510	53 273
		湖西区	济宁	62 939	70 708	60 494	44 737	27 386
			菏泽	156 413	165 720	155 626	117 075	71 255
			小计	219 352	236 428	216 119	161 812	98 641
南四湖流域				405 803	472 141	390 307	279 322	151 914

表 4-31　南四湖流域地级行政区的不同保证率水资源可利用总量成果　（单位：万 m³）

地级行政区	水资源可利用总量				
	多年平均	20%	50%	75%	95%
济宁市	166 539	199 085	156 371	106 467	54 831
枣庄市	67 967	89 746	65 140	47 726	22 405
菏泽市	156 413	165 720	155 626	117 075	71 255
泰安市	14 884	17 589	13 170	8 054	3 422
流域	405 803	472 141	390 307	279 322	151 914

4.7　长与短系列资料、远与近系列资料的比较

4.7.1　长、短资料系列的比较结果

为了分析系列资料在不同长度的情况下,其降水量、地表水资源量、地下水资源量和水资源总量的变化情况,将长系列 1956～2010 年划分为 1961～2010 年、1971～2010 年、1981～2010 年、1991～2010 年共四个短系列进行对比分析,见表 4-32 和图 4-17。

表 4-32　长与短系列资料对比分析

统计年限	年数	年均值			
		降水量 （mm）	地表水资源量 （万 m³）	地下水资源量 （万 m³）	水资源总量 （万 m³）
1956～2010	55	695.8	233 780	370 976	522 166
1961～2010	50	688.3	223 387	366 825	509 809
1971～2010	40	676.9	207 093	357 539	490 699
1981～2010	30	672.4	200 797	355 924	484 476
1991～2010	20	707.5	230 808	382 268	533 349

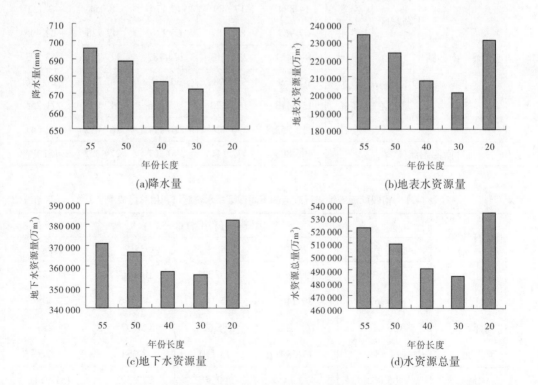

图 4-17　长与短系列资料多年平均值对比

由表4-32和图4-17可以看出,南四湖流域降水量、地下水资源量和水资源总量的长、短系列的变化趋势是一致的,即1991~2010年的均值＞1956~2010年的均值＞1961~2010年的均值＞1971~2010年的均值＞1981~2010年的均值;而地表水资源量的长、短系列的变化趋势为1956~2010年的均值＞1991~2010年的均值＞1961~2010年的均值＞1971~2010年的均值＞1981~2010年的均值。由此可见,降水量与水资源总量具有同步性,即降水量多,水资源总量就大,反之亦然。

同时也可以看出,从统计年限55年到30年,多年平均降水量呈现减少的趋势,表明降水量由1961~1990年大致呈现逐渐减少的趋势;统计年限20年时,多年平均降水量增大,表明1991~2010年降水量有所增加。为进一步印证此结论,绘制了南四湖流域年降水量5年滑动平均曲线(见图4-18)和计算了各个年代降水量平均值、距平百分数表(见表4-33)。

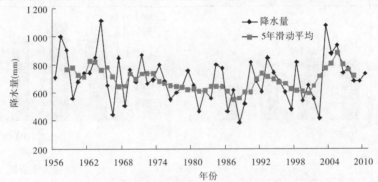

图4-18 南四湖流域年降水量5年滑动平均曲线

表4-33 南四湖流域各年代降水量均值统计

统计年限	1956~1960	1961~1970	1971~1980	1981~1990	1991~2000	2000~2010	1956~2010
降水量均值(mm)	770.2	734.1	690.2	602.2	666.2	748.8	695.8
不同年代距平百分数(%)	10.69	5.50	-0.79	-13.45	-4.24	7.63	0

依据图4-18滑动平均曲线的总体走势,1964~1989年总体呈现下降趋势,且由表4-33看出各年代降水量均值60年代＞70年代＞80年代,故证明统计年限55年到30年,多年平均降水量呈现减少的趋势;1990~1998年呈现水平趋势、2003~2010年呈现上升趋势,且各年代降水量均值00年代＞90年代＞80年代,故证明1991~2010年多年平均降水量有所增加。

4.7.2 远与近系列资料的比较结果

为了分析系列资料在不同远近的情况下,其降水量、地表水资源量、地下水资源量和水资源总量的变化情况,将全国第一次水资源评价的系列1956~1979年、第二次水资源评价的系列 1956~2000 年、本次评价系列 1956~2010 年和第一次水资源评价之后的系列 1980~2010 年共四个系列进行对比分析,见表 4-34 和图 4-19。

表 4-34　远与近系列资料对比分析

统计年限	年数	年均值			
		降水量 (mm)	地表水资源量 (万 m³)	地下水资源量 (万 m³)	水资源总量 (万 m³)
1956~2010	55	695.8	233 780	370 976	522 166
1956~1979	24	726.8	277 204	391 043	571 855
1956~2000	45	684.0	222 225	356 129	498 792
1980~2010	31	671.7	200 160	355 439	483 697

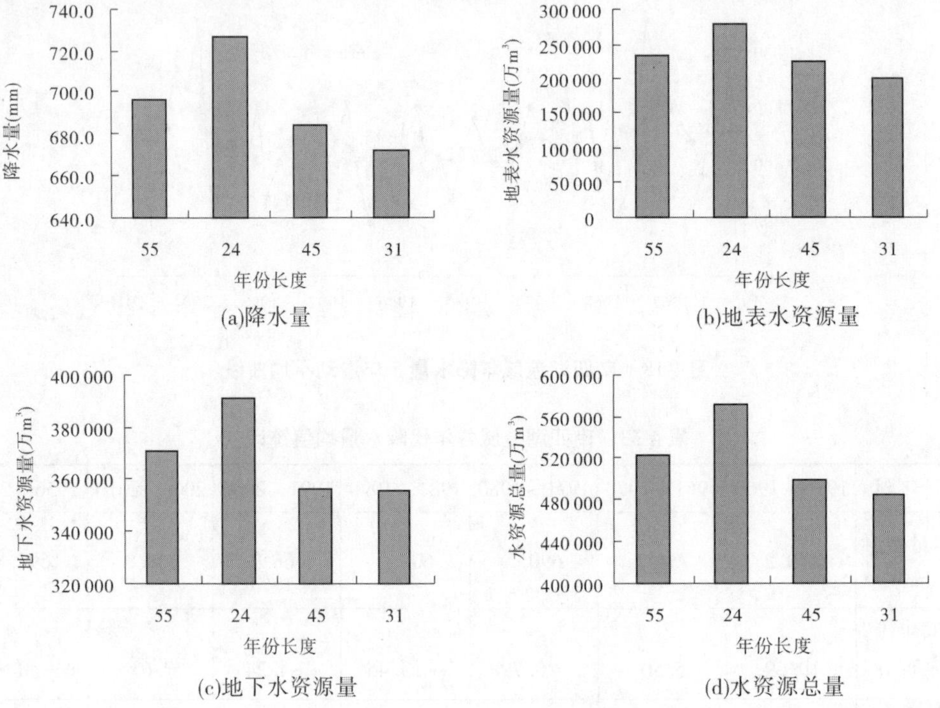

(a)降水量　　　　　　　　　　(b)地表水资源量

(c)地下水资源量　　　　　　　　(d)水资源总量

图 4-19　远与近系列资料多年平均值对比

由表 4-34 和图 4-19 可以看出,南四湖流域降水量、地表水资源量、地下水资源量和水资源总量的远、近系列的变化趋势是一致的,即 1956~1979 年的均值 >1956~2010 年的均值 >1956~2000 年的均值 >1980~2010 年的均值。由此可见,降水量与水资源总量具有同步性,即降水量多,水资源总量就大,反之亦然。

同时可以看出,由于 1956~1979 年的均值最大,故该系列降水量和水资源量较为丰沛;1980~2010 年的均值最小,又通过 55 年系列和 45 年系列的比较得知 1980~2000 年的降水量和水资源量较为匮乏,2001~2010 年的降水量和水资源量较为丰沛。这与 4.7.1 部分的分析结果也是一致的。

第 5 章　需水量预测

5.1　预测方法

需水量预测是根据用水量历史数据的变化规律,并考虑社会、经济等主观因素和天气状况等客观因素的影响,利用科学的、系统的或经验的数学方法,在满足一定精度要求的意义下,对该区域未来某时间段内的需水量进行估计和推测。需水量预测是水资源规划的基础,为水资源管理的重要依据,同时也是供水系统优化调度管理的重要部分。需水量预测涉及社会、经济、人口、技术进步等诸多方面,是一个多因素、多层次的复杂系统,不确定性因素很多,且内部各因素间存在复杂的交互作用和因果关系。

需水量预测研究始于 100 多年前的美国(Hartley J,1991),起初人们主要针对工业及生活需水进行预测,为供水工程服务。随着用水量的日益增长,水质的劣变,水资源相对短缺,因此人们开始重视需水量的预测。

目前,国内外所采用的需水量预测方法有很多,其分类方法也有很多种,如按是否采用统计方法来分可分为统计方法和非统计方法;按预测时期长短,可分为即期预测、短期预测、中期预测和长期预测。按是否采用数学模型方法,将预测方法分为定量预测法和定性预测法。定量预测方法是根据用水历史过程建立预测模型或根据经验递推关系来直接预测用水量大小,常用的定量预测方法有时间序列法、系统分析法和结构分析法;定性预测方法有基于用水机理预测法和用水定额法。

时间序列法主要对历史用水数据进行分析,采用指数平滑法及趋势外推法等建立相应关系并依此对未来需水进行预测。指数平滑法就是通过对历史数据进行"修匀"来区别基本数据模式和随机变动,从而获得时间序列的"平滑值",并以此作为预测值;趋势外推法是根据过去用水及相关指标的趋势变动规律建立模型,从而得到预测水平年的需水量。Salas 和 Yevjevich (1972)采用时间序列对需水量的预测问题进行了开拓性的探索,奠定了需水量预测研究的基石。吕谋、赵洪宾等 (1998)利用季节指数平滑法进行需水量预测。S. L. Zhou,T. A. McMahon,A. Walton,J. Lewis 等(2000)建立了时间序列预测方法用于墨尔本的日用水预测,并取得了很好的效果;S. L. Zhou,T. A. McMahon (2002)建立的时间序列模型将日用水量和时用水量模型进行了对比。

系统分析法是采用优化算法求解需水量,常用的方法包括灰色系统预测法、人工神经网络(BP)、支持向量机(SVM)、小波分析理论等。Maldment 和 Panzer (1984)建立了级联模型并对城市月需水量进行了研究,同时他们对美国得克萨斯州的 6 个城市需水量预测时间模式的研究中选取降水量、气温和蒸发量作为气候因子。Franklin 和 Maidment (1986)采用 Maidment 和 Panzer 建立的级联模型对美国佛罗里达州迪费尔德海滩的周用水量和月用水量进行了预测。丁宏达(1990)采用回归－马尔柯夫联合预测方法对城市用水量进行预测,该方法不仅可以保持回归预测中趋势预测的优点,而且能较好地反映数据的随机波动。Gistau 和 Leonid 等(1993,2003)建立模式识别模型进行短期用水量预测,对生活用水和工业用水分别预测,应用于马德里等城市,取得了较好的效果。王煜(1996)首次在需水量预测中引用灰色系统方法,提出了带有时间因子的非线性 GM(1,1),并用实践证实了该法具有较佳的预测效果。张洪国、赵洪宾、袁一星、徐洪福等(1998,2001)均对灰色模型进行了深入的研究并把它成功地应用到哈尔滨、牡丹江、郑州和大连的年用水量预测中,均取得了好的结果。Liu 等(1996)对模糊逻辑模型、神经网络模型和自回归模型这三个短期预测模型进行比较,得出模糊逻辑模型和神经网络模型更适合短期需水量预测。AIJUN AN 等提出了一个加强粗糙集理论,对系统的观测数据进行预测。Narate Lert Palangsunti 等(1999)介绍了需水量预测的智能预测构造集(Intelligent Forecasters Construction Set,IFCS),不仅支持模糊逻辑、人工神经网络等多种需水量预测模型,而且可以不断地更新系统内部模块,加入新的预测模型作为它的模块,并用 IFCS 对加拿大的里贾纳城市需水量进行了预测,得到了很好的效果。ASHU JAIN 等(2001,2002)应用 ANN 对印度的坎普尔进行短期需水量预测,结果表明拟合效果较好。刘洪波等根据城市时段用水量序列的特点,利用 ANN 建立了短期用水量预报模型,并证明该模型可满足供水系统调度的实际需要。方浩等(2004)将神经网络和模糊理论相结合建立了模糊神经网络模型,从模糊神经网络角度并运用灰色系统理论对区域需水量进行预测,通过对盐城市 2010 年的需水量预测实例验证了方法的可行性与合理性。俞亭超(2004)等提出基于等维信息的支持向量回归(SVR)预测建模方法并用于城市日用水量需求预测,以及提出基于等维样本集的概率统计参数确定方法。杨芳等(2002)提出了城市需水量预测的时间序列三角函数法,基于时间周期变化因素、气温变化因素、节假日变化因素和可能发生的特殊情况影响因素建立了需水量时间序列分析法三角函数预测模型。Junguo Liu 等提出了人工神经网络方法预测城市需水量。柳景青、张士乔等(2004)着重研究了需水量序列的混沌性质:在传统 wolf 最人 Lyapunov 指数算法的基础上,改进 wolf 计算方法,证实了用水量系统中存在明显的混沌特性。ABDUSSELAM AL-TUNKAYNAK et al. 用模糊数学方法从三组实测相互独立的用水数据预测了月需水量。Gato 等(2007)给出了一个利用气温和降雨阈值计算澳大利亚的维多利亚 East Doncaster 的新需水量预测模型。Mahmut Firat 等(2010)提出采用一系列人工神经网络包括广泛应用的回归人工神经网络方法预测月需水量。Manuel Herrera 等采用人工神经网络,投影寻踪回归,多元自适应回归,随机森林和支持向量回归方法预测需水量。Mohsen Nasseri 等(2011)提出了一种结合扩展卡尔曼滤波(EKF)的混合模型和遗传编程(GP)对德黑兰的需水量进行了预测。

结构分析法是假定用水量与几个独立的影响因素之间存在一定的因果关系,并建立其关系模型。常用的结构分析法有回归分析法和人均需水量法。回归分析法是寻求用水量与其影响因素之间的相关关系,建立回归模型进行预测。该方法在系统发生较大变化时,可以根据相应变化因素修正预测值,故适用于长期预测,而对于短期预测,由于用水量数据波动性很大、影响因素复杂,一般不宜采用。人均需水量方法主要是确定人均需水量指标。人均需水量指标主要基于国内外、区内外的比较分析后综合判定,但对于不同地区、不同的经济社会发展阶段,人均需水量差异十分明显。Maldment 等(1985)建立了基于时间序列 ARMA 的短期需水量预测模型并对美国得克萨斯州的首府奥斯汀市的日需水量进行了预测。May 等(1992)将水价、人口、居民人均收入、年降雨量等作为相关因子,建立了中长期用水量与相关因子间的对数和半对数回归模型,该模型在美国得克萨斯州中长期用水预测中,获得了满意的效果。Brekke,Levi 等(2002)用逐步回归法进行用水量预测,它比用重回归分析法建立模型所需时间少。

基于用水机理的需水量预测方法是从需水增长的内部机理方面研究需水增长规律的。该方法主要是从用户的角度,通过对各用户水量消耗、补充等机理规律的研究,建立相关的水平衡关系,着重研究其水量消耗规律。

各种预测方法对资料的依赖程度不同,计算工作量及需要的计算工具也有较大差别,同时,预测的成果也有差别。目前,在生产实践中常用用水定额法预测不同时期的需水量,而其他方法,如时间序列法、系统分析法和结构分析法等,需要的资料较多,计算比较烦琐,因此在研究中用得较多。鉴于南四湖流域用水系列资料较短,且本研究具有实际指导意义,故本研究采用常用的用水定额法预测南四湖流域需水量。

5.2　经济社会发展指标分析

经济社会发展指标预测是需水量预测和水资源合理配置的基础。经济社会发展指标预测包括人口变化与城镇化进程、国民经济发展指标预测(农田灌溉面积、林牧渔畜、第二产业、第三产业及生态环境)等。预测的基础为南四湖流域各行政区《水资源综合规划》(2007 年)、2010 年南四湖流域各行政区统计年鉴、《节水型社会建设"十二五"规划》及其他有关资料。

5.2.1　人口变化

现状年(2010 年)南四湖流域总人口 2 145.29 万人,城镇人口为 563.81 万人,农村人口为 1 581.48 万人。依据水资源综合规划,全流域各县(市、区)人口自然增长率有所差异,经济相对发达的地区增长率会低一些,经济欠发达地区增长率可能会稍高些。流动人口的流入地区主要是经济相对发达的地区,而经济落后地区流动人口较少。考虑到以上因素以及条件限制,预测各县(市、区)总人口采用相同的增长率(人口年增长率按 2010 年为基准的 4‰计算)。在此基础上参考各市《节水型社会建设"十二五"规划》,预测 2020 年全流域人口将增加到 2 232.66 万人,城镇化率达到 27.86%,其中城镇人口为 586.77 万人,农村人口为 1 645.88 万人,见表 5-1。

5.2.2　国民经济发展指标

依据各市《水资源综合规划》(2010 ~ 2020 年),流域农田灌溉面积增长 1%;林果地灌溉、鱼塘补水面积增长 0.1%,牲畜数目的年均增长率为 0.5%;2020 年第二产业和第三产业产值年均增长率分别为 8% 和 9%。

表 5-1　南四湖流域 2020 年人口预测

水资源分区	行政区	2010 年人口（人）			2020 年人口（万人）		
		农村	城镇	合计	农村	城镇	合计
湖东济宁	市中区	235 218	353 757	588 975	24.48	36.82	61.30
	任城区	104 548	428 227	532 775	10.88	44.57	55.45
	微山县	545 886	173 128	719 014	56.81	18.02	74.83
	汶上县	648 685	127 042	775 727	67.51	13.22	80.73
	泗水县	451 911	168 404	620 315	47.03	17.53	64.56
	曲阜市	365 331	272 705	638 036	38.02	28.38	66.40
	兖州市	346 853	285 987	632 840	36.10	29.76	65.86
	邹城市	760 120	396 860	1 156 980	79.11	41.30	120.41
	小计	3 458 552	2 206 110	5 664 662	359.94	229.60	589.54
湖东泰安	宁阳县	654 000	168 000	822 000	68.06	17.48	85.55
湖东枣庄	薛城区	303 401	123 076	426 477	31.58	12.81	44.38
	滕州市	1 156 142	525 289	1 681 431	120.32	54.67	174.99
	山亭区	382 182	122 418	504 600	39.77	12.74	52.52
	小计	1 841 725	770 783	2 612 508	191.67	80.22	271.89
湖东区合计		5 954 277	3 144 893	9 099 170	619.68	327.30	946.98
湖西济宁	鱼台县	388 675	82 260	470 935	40.45	8.56	49.01
	金乡县	538 224	103 167	641 391	56.01	10.74	66.75
	嘉祥县	721 395	148 106	869 501	75.08	15.41	90.49
	梁山县	662 136	121 718	783 854	68.91	12.67	81.58
	小计	2 310 430	455 251	2 765 681	240.45	47.38	287.83
湖西菏泽	牡丹区	807 543	720 028	1 527 571	84.04	74.94	158.98
	单县	983 179	241 291	1 224 470	102.32	25.11	127.43
	曹县	1 348 152	214 034	1 562 186	140.31	22.28	162.58
	成武县	575 131	114 548	689 679	59.86	11.92	71.78
	定陶县	554 654	118 084	672 738	57.72	12.29	70.01
	郓城县	1 056 850	164 821	1 221 671	109.99	17.15	127.14
	鄄城县	758 274	105 615	863 889	78.92	10.99	89.91
	巨野县	774 684	238 927	1 013 611	80.62	24.87	105.49
	东明县	691 610	120 584	812 194	71.98	12.55	84.53
	小计	7 550 077	2 037 932	9 588 009	785.76	212.09	997.85

水资源分区	行政区	2010 年人口（人）			2020 年人口（万人）		
		农村	城镇	合计	农村	城镇	合计
湖西区合计		9 860 507	2 493 183	12 353 690	1 026.21	259.47	1 285.68
流域合计		15 814 784	5 638 076	21 452 860	1 645.88	586.77	2 232.66
沿湖受水区合计		1 577 728	1 160 448	2 738 176	164.20	120.77	284.97
按行政区合计	济宁市	5 768 982	2 661 361	8 430 343	600.39	276.98	877.37
	枣庄市	1 841 725	770 783	2 612 508	191.67	80.22	271.89
	菏泽市	7 550 077	2 037 932	9 588 009	785.76	212.09	997.85
	泰安市	654 000	168 000	822 000	68.06	17.48	85.55

5.3　生活需水量预测

根据南四湖流域的社会经济发展水平、人均收入水平、水价水平，结合生活用水习惯，参照南四湖流域各行政区《水资源综合规划》和《节水型社会建设"十二五"规划》中的城镇和农村生活用水定额及国民经济发展指标，确定 2020 年的城镇和农村居民生活用水定额和人口数量，计算生活需水量。

居民日常生活需水包括饮用、洗涤、冲厕和洗澡等。生活需水分城镇居民生活需水和农村居民生活需水两类，采用人均日用水量方法进行预测，计算公式如下：

$$Q = Nq \tag{5-1}$$

式中：Q 为居民生活需水量；N 为人口数；q 为生活用水定额。

按上述方法计算得到南四湖流域 2020 年的生活需水量见表 5-2 和表 5-3。从表中数据可知，随着经济的发展、城镇化水平的推进，城镇和农村人口用水需求增加，在未考虑节水的前提下，2020 年城镇和农村生活需水定额较 2010 年均有增加，城镇需水平均定额从 84.3 L/（人·d）增长为 120 L/（人·d），农村需水定额从 63.1 L/（人·d）增长为 80 L/（人·d），全流域生活需水量从 51 544.21 万 m³ 增长为 69 344.2 万 m³，增加了 34.5%。

表 5-2　2020 年生活用水指标分析　　　　　（单位：L/d）

水资源分区	行政区	2010 年人均用水定额		2020 年人均用水定额	
		农村生活	城镇生活	农村生活	城镇生活
湖东济宁	市中区	71.0	77.0	80	120
	任城区	80.0	74.0	80	120
	微山县	103.6	106.3	80	120
	汶上县	63.3	80.0	80	120
	泗水县	48.9	71.9	80	120
	曲阜市	55.1	44.3	80	120
	兖州市	77.2	65.0	80	120
	邹城市	74.1	126.5	80	120
湖东泰安	宁阳县	60.0	117.1	80	120
湖东枣庄	薛城区	97.5	135.8	80	120
	滕州市	80.8	76.2	80	120
	山亭区	91.5	51.5	80	120
湖西济宁	鱼台县	45.8	113.2	80	120
	金乡县	89.9	78.1	80	120
	嘉祥县	45.4	61.0	80	120
	梁山县	58.0	79.9	80	120
湖西菏泽	牡丹区	61.9	76.2	70	100
	单县	58.5	102.2	70	100
	曹县	40.6	105.3	70	100
	成武县	42.9	95.7	70	100
	定陶县	49.3	64.5	70	100
	郓城县	41.7	65.7	70	100
	鄄城县	40.7	80.7	70	100
	巨野县	43.9	64.2	70	100
	东明县	58.3	93.6	70	100
按行政区合计	济宁市	66.8	81.4	80	120
	枣庄市	77.5	105.3	80	120
	菏泽市	48.2	81.8	70	100
	泰安市	60.0	117.1	80	120

表 5-3　2020 年南四湖流域生活需水量　（单位:万 m³）

水资源分区	行政区	2020 年生活需水		
		农村	城镇	合计
湖东济宁	市中区	714.8	1 612.6	2 327.4
	任城区	317.7	1 952.0	2 269.7
	微山县	1 658.9	789.2	2 448.1
	汶上县	1 971.3	579.1	2 550.4
	泗水县	1 373.3	767.7	2 141.0
	曲阜市	1 110.2	1 243.1	2 353.3
	兖州市	1 054.1	1 303.6	2 357.7
	邹城市	2 309.9	1 809.0	4 119.0
	小计	10 510.3	10 056.3	20 566.6
湖东泰安	宁阳县	1 987.5	765.8	2 753.3
湖东枣庄	薛城区	922.0	561.0	1 483.0
	滕州市	3 513.4	2 394.5	5 907.9
	山亭区	1 161.4	558.0	1 719.5
	小计	5 596.9	3 513.5	9 110.4
湖东区合计		18 094.6	14 335.6	32 430.2
湖西济宁	鱼台县	1 181.2	375.0	1 556.1
	金乡县	1 635.6	470.3	2 105.9
	嘉祥县	2 192.3	675.1	2 867.4
	梁山县	2 012.2	554.8	2 567.0
	小计	7 021.2	2 075.2	9 096.4
湖西菏泽	牡丹区	2 147.3	2 735.1	4 882.4
	单县	2 614.3	916.6	3 530.9
	曹县	3 584.8	813.0	4 397.9
	成武县	1 529.3	435.1	1 964.4
	定陶县	1 474.9	448.6	1 923.4
	郓城县	2 810.2	626.1	3 436.3
	鄄城县	2 016.9	401.2	2 417.5
	巨野县	2 059.9	907.6	2 967.5
	东明县	1 839.0	458.1	2 297.1
	小计	20 076.1	7 741.4	27 817.5
湖西区合计		27 097.3	9 816.6	36 913.9
流域合计		45 191.9	24 152.2	69 344.1
沿湖受水区合计		4 794.6	5 289.8	10 084.4
按行政区合计	济宁市	17 531.5	12 131.5	29 663.0
	枣庄市	5 596.9	3 513.5	9 110.4
	菏泽市	20 076.1	7 741.4	27 817.5
	泰安市	1 987.5	765.8	2 753.3

5.4　生产需水量预测

5.4.1　第一产业需水量

第一产业需水量包括农田灌溉需水量和林牧渔业需水量。

农田灌溉需水量主要取决于来水情况、灌溉工程的节水水平、种植结构,以及用水管理水平和用水水价。南四湖流域林牧渔业需水包括林果地灌溉、草场灌溉、鱼塘补水和牲畜用水。牲畜用水采用定额法推算。鱼塘补水需水量主要根据养殖面积和用水定额计算。以《水资源综合规划》和《山东统计年鉴》中的有关数据为基础,参考2010年各市水资源公报的实际用水指标确定各相关参数。

5.4.1.1　基准方案

基准方案农田灌溉需水量见表5-4。参考各市《水资源综合规划》和《山东省主要农作物灌溉定额》,考虑到节水措施的改进,2020年农田主要农作物灌溉定额小于2010年的灌溉定额,基准方案灌溉水利用系数泰安市和枣庄市取0.66,济宁市取0.64,菏泽市和徐州市取0.63。

表5-4　2020年南四湖流域农田灌溉需水量(基准方案)　　　（单位:万 m³）

水资源分区	行政区	水田需水量		水浇地需水量		蔬菜需水量		合计	
		50%	75%	50%	75%	50%	75%	50%	75%
湖东济宁	市中区	7 052.91	7 758.20	256.18	314.95	100.91	110.09	7 410.00	8 183.24
	任城区	512.77	564.05	5 421.31	6 799.23	1 679.78	1 832.48	7 613.85	9 195.75
	微山县	1 198.02	1 317.82	4 963.33	6 210.24	1 729.72	1 886.97	7 891.07	9 415.02
	汶上县	0	0	10 349.87	13 009.28	4 303.49	4 694.72	14 653.36	17 703.99
	泗水县	0	0	1 820.84	2 287.63	2 716.64	2 963.61	4 537.48	5 251.24
	曲阜市	0	0	9 130.10	11 493.67	809.53	883.12	9 939.63	12 376.79
	兖州市	0	0	9 367.37	11 759.60	3 167.61	3 455.58	12 534.99	15 215.18
	邹城市	0	0	6 219.63	7 828.91	2 380.12	2 596.49	8 599.75	10 425.40
	小计	8 763.69	9 640.06	47 528.64	59 703.52	16 887.79	18 423.05	73 180.12	87 766.62
湖东泰安	宁阳县	0	0	9 144.66	11 448.15	3 294.50	3 594.00	12 439.16	15 042.15
湖东枣庄	薛城区	438.18	482.00	1 874.59	2 351.52	988.07	1 077.90	3 300.85	3 911.42
	滕州市	470.82	517.90	11 077.70	13 936.74	8 551.09	9 328.46	20 099.61	23 783.10
	山亭区	0	0	1 648.26	2 061.78	748.67	816.73	2 396.93	2 878.51
	小计	909.00	999.90	14 600.56	18 350.04	10 287.83	11 223.08	25 797.38	30 573.03

续表 5-4

水资源分区	行政区	水田需水量		水浇地需水量		蔬菜需水量		合计	
		50%	75%	50%	75%	50%	75%	50%	75%
湖东区合计		9 672.69	10 639.96	71 273.86	89 501.71	30 470.12	33 240.13	111 416.67	133 381.80
湖西济宁	鱼台县	10 437.18	11 480.90	2 221.33	2 770.95	2 828.33	3 085.45	15 486.84	17 337.31
	金乡县	689.91	758.90	6 415.00	8 365.03	9 506.72	10 370.97	16 611.63	19 494.90
	嘉祥县	1 584.92	1 743.42	11 384.60	14 302.50	4 210.19	4 592.93	17 179.71	20 638.85
	梁山县	0	0	9 400.75	11 777.54	4 082.25	4 453.36	13 483.00	16 230.90
	小计	12 712.02	13 983.22	29 421.68	37 216.03	20 627.49	22 502.71	62 761.18	73 701.96
湖西菏泽	牡丹区	0	0	18 598.03	23 281.73	2 806.28	3 061.40	21 404.32	26 343.13
	开发区	0	0	0	0	146.16	159.45	146.16	159.45
	单县	0	0	14 176.23	17 771.22	5 589.42	6 097.55	19 765.66	23 868.78
	曹县	0	0	20 859.30	26 252.04	1 447.03	1 578.58	22 306.33	27 830.62
	成武县	0	0	10 188.31	12 852.35	3 868.78	4 220.48	14 057.08	17 072.83
	定陶县	0	0	9 766.39	12 300.34	2 063.26	2 250.83	11 829.64	14 551.17
	郓城县	0	0	20 007.89	25 188.73	4 285.83	4 675.45	24 293.72	29 864.18
	鄄城县	0	0	10 452.63	13 025.29	1 660.23	1 811.16	12 112.86	14 836.46
	巨野县	1 389.14	1 528.05	3 476.88	4 408.19	3 321.95	3 623.94	8 187.96	9 560.19
	东明县	2 377.38	2 615.12	10 794.69	13 460.88	1 608.43	1 754.65	14 780.50	17 830.66
	小计	3 766.52	4 143.18	118 320.34	148 540.77	26 797.38	29 233.50	148 884.24	181 917.45
湖西区合计		16 478.54	18 126.39	147 742.02	185 756.80	47 424.86	51 736.22	211 645.43	255 619.41
流域合计		26 151.23	28 766.35	219 015.88	275 258.51	77 894.98	84 976.35	323 062.10	389 001.21
沿湖受水区合计		19 639.06	21 602.97	14 736.73	18 446.90	7 326.81	7 992.89	41 702.61	48 042.75
按行政区合计	济宁市	21 475.71	23 623.28	76 950.32	96 919.55	37 515.28	40 925.76	135 941.31	161 468.59
	枣庄市	909.00	999.90	14 600.56	18 350.04	10 287.83	11 223.08	25 797.38	30 573.03
	菏泽市	3 766.52	4 143.18	118 320.34	148 540.77	26 797.38	29 233.50	148 884.24	181 917.45
	泰安市	0	0	9 144.66	11 448.15	3 294.50	3 594.00	12 439.16	15 042.15

林牧渔业需水量见表 5-5,第一产业需水量包括农田灌溉需水量和林牧渔业需水量具体计算结果见表 5-6。

表 5-5　南四湖流域 2020 年林牧渔业需水量　　　　　（单位:万 m³）

水资源分区	行政区	林牧渔需水量		大小牲畜需水量			合计
		林果地灌溉	鱼塘	大牲畜	小牲畜	小计	
湖东济宁	市中区	97.84	1 622.84	0	110.37	110.37	1 831.04
	任城区	724.99	1 316.82	0	348.45	348.45	2 390.26
	微山县	235.81	13 910.04	0	714.25	714.25	14 860.10
	汶上县	95.33	231.83	0	1 245.60	1 245.60	1 572.76
	泗水县	582.00	751.14	0	1 020.13	1 020.13	2 353.27
	曲阜市	782.69	639.86	0	808.85	808.85	2 231.40
	兖州市	423.96	190.10	0	652.76	652.76	1 266.82
	邹城市	1 259.32	1 312.18	0	1 338.63	1 338.63	3 910.13
	小计	4 201.93	19 974.81	0	6 239.04	6 239.04	30 415.78
湖东泰安	宁阳县	859.85	1 260.00	234.35	1 027.23	1 261.58	3 381.42
湖东枣庄	薛城区	358.93	80.18	30.17	393.07	423.24	862.36
	滕州市	1 688.11	570.54	79.47	1 332.32	1 411.79	3 670.43
	山亭区	673.00	925.19	26.12	569.03	595.16	2 193.35
	小计	2 720.04	1 575.91	135.75	2 294.43	2 430.18	6 726.13
湖东区合计		7 781.81	22 810.73	370.11	9 560.70	9 930.80	40 523.34
湖西济宁	鱼台县	0	2 513.62	0	514.01	514.01	3 027.63
	金乡县	60.62	190.69	0	808.85	808.85	1 060.16
	嘉祥县	788.10	277.37	3.68	1 220.37	1 224.05	2 289.51
	梁山县	2 606.78	1 395.49	7.36	745.78	753.14	4 755.41
	小计	3 455.50	4 377.17	11.04	3 289.02	3 300.05	11 132.72

续表 5-5

水资源分区	行政区	林牧渔需水量		大小牲畜需水量			合计
		林果地灌溉	鱼塘	大牲畜	小牲畜	小计	
湖西菏泽	牡丹区	1 370.28	1 014.23	5.89	1 992.33	1 998.22	4 382.74
	开发区	0	0	0	65.91	65.91	65.91
	单县	0	1 376.36	0.37	3 793.25	3 793.62	5 169.98
	曹县	414.51	1 676.79	11.40	2 230.57	2 241.98	4 333.27
	成武县	637.18	1 495.01	0	1 074.21	1 074.21	3 206.41
	定陶县	0	727.57	1.10	1 514.75	1 515.85	2 243.42
	郓城县	0	1 376.36	2.58	2 275.67	2 278.24	3 654.60
	鄄城县	1 397.69	996.67	24.28	1 738.80	1763.08	4 157.44
	巨野县	1 620.36	736.59	6.25	2 219.69	2 225.95	4 582.90
	东明县	421.36	1 614.61	2.58	1 218.17	1 220.74	3 256.72
	小计	5 861.38	11 014.20	54.45	18 123.34	18 177.79	35 053.38
湖西区合计		9 316.88	15 391.37	65.49	21 412.36	21 477.84	46 186.10
流域合计		17 098.69	38 202.10	435.60	30 973.06	31 408.64	86 709.44
沿湖受水区合计		1 417.6	19 443.5	30.2	2 080.2	2 110.3	22 971.4
按行政区合计	济宁市	7 657.42	24 351.98	11.04	9 528.06	9 539.10	41 548.50
	枣庄市	2 720.04	1 575.91	135.75	2 294.43	2 430.18	6 726.13
	菏泽市	5 861.39	11 014.20	54.45	18 123.34	18 177.79	35 053.38
	泰安市	859.85	1 260.00	234.35	1 027.23	1 261.58	3 381.42

表 5-6 2020 年南四湖流域第一产业需水量(基准方案) （单位:万 m³）

水资源分区	行政区	农田灌溉需水量		林牧渔业	合计	
		50%	75%		50%	75%
湖东济宁	市中区	7 410.00	8 183.24	1 831.04	9 241.04	10 014.28
	任城区	7 613.85	9 195.75	2 390.26	10 004.11	11 586.01
	微山县	7 891.07	9 415.02	14 860.10	22 751.16	24 275.12
	汶上县	14 653.36	17 703.99	1 572.76	16 226.12	19 276.76
	泗水县	4 537.48	5 251.24	2 353.27	6 890.76	7 604.51
	曲阜市	9 939.63	12 376.79	2 231.40	12 171.03	14 608.19
	兖州市	12 534.99	15 215.18	1 266.82	13 801.80	16 482.00
	邹城市	8 599.75	10 425.40	3 910.13	12 509.88	14 335.53
	小计	73 180.12	87 766.62	30 415.78	103 595.90	118 182.41

续表 5-6

水资源分区	行政区	农田灌溉需水量		林牧渔业	合计	
		50%	75%		50%	75%
湖东泰安	宁阳县	12 439.16	15 042.15	3 381.42	15 820.58	18 423.57
湖东枣庄	薛城区	3 300.85	3 911.42	862.36	4 163.20	4 773.78
	滕州市	20 099.61	23 783.10	3 670.43	23 770.04	27 453.53
	山亭区	2 396.93	2 878.51	2 193.35	4 590.28	5 071.85
	小计	25 797.38	30 573.03	6 726.13	32 523.52	37 299.16
湖东区合计		111 416.67	133 381.80	40 523.34	151 940.00	173 905.13
湖西济宁	鱼台县	15 486.84	17 337.31	3 027.63	18 514.47	20 364.94
	金乡县	16 611.63	19 494.90	1 060.16	17 671.79	20 555.06
	嘉祥县	17 179.71	20 638.85	2 289.51	19 469.23	22 928.37
	梁山县	13 483.00	16 230.90	4 755.41	18 238.41	20 986.31
	小计	62 761.18	73 701.96	11 132.72	73 893.90	84 834.68
湖西菏泽	牡丹区	21 404.32	26 343.13	4 382.74	25 787.05	30 725.87
	开发区	146.16	159.45	65.91	212.07	225.36
	单县	19 765.66	23 868.78	5 169.98	24 935.63	29 038.75
	曹县	22 306.33	27 830.62	4 333.27	26 639.61	32 163.89
	成武县	14 057.08	17 072.83	3 206.41	17 263.49	20 279.24
	定陶县	11 829.64	14 551.17	2 243.42	14 073.07	16 794.59
	郓城县	24 293.72	29 864.18	3 654.60	27 948.32	33 518.78
	鄄城县	12 112.86	14 836.46	4 157.44	16 270.30	18 993.90
	巨野县	8 187.96	9 560.19	4 582.90	12 770.86	14 143.08
	东明县	14 780.50	17 830.66	3 256.72	18 037.22	21 087.37
	小计	148 884.24	181 917.45	35 053.38	183 937.62	216 970.83
湖西区合计		211 645.43	255 619.41	46 186.10	257 831.53	301 805.51
流域合计		323 062.10	389 001.21	86 709.44	409 771.53	475 710.64
沿湖受水区合计		41 702.61	48 042.75	22 971.39	64 673.99	71 014.14
按行政区合计	济宁市	135 941.31	161 468.59	41 548.50	177 489.81	203 017.09
	枣庄市	25 797.38	30 573.03	6 726.13	32 523.52	37 299.16
	菏泽市	148 884.24	181 917.45	35 053.38	183 937.62	216 970.83
	泰安市	12 439.16	15 042.15	3 381.42	15 820.58	18 423.57

　　南四湖流域基准方案第一产业需水量见表5-6。从表中可知,2010年南四湖流域第一产业需水量为430 420.58万 m³,2020年基准方案的第一产业需水量分别为409 771.53万 m³(50%)、475 710.64万 m³(75%),平水年较2010年减少了5.0%(P = 50%),枯水年较2010年增加了10.5%(P =75%)。

5.4.1.2　推荐方案

　　推荐方案农田灌溉需水量见表5-7,第一产业需水量见表5-8。参考各市《水资源综合规划》和《山东省主要农作物灌溉定额》,考虑到节水措施的改进,2020年推荐方案灌溉水利用系数各市均取0.68。

表 5-7　2020 年南四湖流域农田灌溉需水量(推荐方案)　　　　(单位:万 m³)

水资源分区	行政区	水田需水量		水浇地需水量		蔬菜需水量		合计	
		50%	75%	50%	75%	50%	75%	50%	75%
湖东济宁	市中区	6 067.58	6 741.75	215.90	272.09	96.46	105.23	6 379.94	7 119.07
	任城区	441.13	490.15	4 440.79	5 757.92	1 605.67	1 751.64	6 487.59	7 999.71
	微山县	1 030.65	1 145.16	4 079.61	5 271.51	1 653.41	1 803.72	6 763.67	8 220.39
	汶上县	0	0	8 450.42	10 992.51	4 113.63	4 487.60	12 564.05	15 480.10
	泗水县	0	0	1 487.71	1 933.90	2 596.79	2 832.86	4 084.49	4 766.76
	曲阜市	0	0	7 437.71	9 697.01	773.81	844.16	8 211.52	10 541.16
	兖州市	0	0	7 662.31	9 949.00	3 027.87	3 303.13	10 690.18	13 252.13
	邹城市	0	0	5 067.54	6 605.82	2 275.11	2 481.94	7 342.65	9 087.76
	小计	7 539.35	8 377.06	38 842.01	50 479.76	16 142.74	17 610.26	62 524.10	76 467.09
湖东泰安	宁阳县	0	0	7 510.61	9 712.47	3 149.15	3 435.44	10 659.76	13 147.91
湖东枣庄	薛城区	376.97	418.85	1 535.09	1 990.99	944.48	1 030.34	2 856.54	3 440.18
	滕州市	405.04	450.04	9 032.63	11 765.54	8 173.83	8 916.91	17 611.51	21 132.49
	山亭区	0	0	1 355.34	1 750.61	715.64	780.69	2 070.97	2 531.30
	小计	782.01	868.90	11 923.06	15 507.13	9 833.95	10 727.95	22 539.02	27 103.97
湖东区合计		8 321.36	9 245.96	58 275.68	75 699.36	29 125.85	31 773.65	95 722.88	116 718.96
湖西济宁	鱼台县	8 979.05	9 976.72	1 833.87	2 359.25	2 703.55	2 949.33	13 516.47	15 285.30
	金乡县	593.52	659.47	4 949.32	6 813.32	9 087.30	9 913.42	14 630.14	17 386.21
	嘉祥县	1 363.50	1 515.00	9 302.32	12 091.49	4 024.45	4 390.30	14 690.26	17 996.79
	梁山县	0	0	7 712.53	9 984.46	3 902.15	4 256.89	11 614.68	14 241.35
	小计	10 936.07	12 151.19	23 798.04	31 248.52	19 717.45	21 509.95	54 451.56	64 909.66

续表 5-7

水资源分区	行政区	水田需水量		水浇地需水量		蔬菜需水量		合计	
		50%	75%	50%	75%	50%	75%	50%	75%
湖西菏泽	牡丹区	0	0	15 275.75	19 752.81	2 682.48	2 926.34	17 958.23	22 679.15
	开发区	0	0	0	0	139.71	152.41	139.71	152.41
	单县	0	0	11 620.07	15 056.45	5 342.83	5 828.54	16 962.90	20 885.00
	曹县	0	0	16 999.66	22 154.49	1 383.20	1 508.94	18 382.86	23 663.43
	成武县	0	0	8 274.41	10 820.92	3 698.09	4 034.28	11 972.50	14 855.20
	定陶县	0	0	7 950.64	10 372.80	1 972.23	2 151.53	9 922.87	12 524.32
	郓城县	0	0	16 297.93	21 250.21	4 096.75	4 469.18	20 394.68	25 719.39
	鄄城县	0	0	8 642.48	11 101.65	1 586.99	1 731.26	10 229.47	12 832.91
	巨野县	1 195.07	1 327.85	2 802.54	3 692.76	3 175.39	3 464.06	7 172.99	8 484.68
	东明县	2 045.25	2 272.50	8 916.38	11 464.95	1 537.47	1 677.24	12 499.10	15 414.69
	小计	3 240.32	3 600.35	96 779.85	125 667.03	25 615.14	27 943.79	125 635.31	157 211.17
湖西区合计		14 176.39	15 751.54	120 577.89	156 915.55	45 332.59	49 453.74	180 086.87	222 120.83
流域合计		22 497.75	24 997.50	178 853.57	232 614.91	74 458.44	81 227.38	275 809.75	338 839.79
沿湖受水区合计		16 895.37	18 772.63	12 105.28	15 651.76	7 003.57	7 640.26	36 004.22	42 064.65
按行政区合计	济宁市	18 475.43	20 528.25	62 640.05	81 728.28	35 860.19	39 120.21	116 975.67	141 376.74
	枣庄市	782.01	868.90	11 923.06	15 507.13	9 833.95	10 727.95	22 539.02	27 103.97
	菏泽市	3 240.32	3 600.35	96 779.85	125 667.03	25 615.14	27 943.79	125 635.31	157 211.17
	泰安市	0	0	7 510.61	9 712.47	3 149.15	3 435.44	10 659.76	13 147.91

表 5-8　2020 年南四湖流域第一产业需水量（推荐方案）　　（单位：万 m³）

水资源分区	行政区	农田灌溉需水量		林牧渔业	合计	
		50%	75%		50%	75%
湖东济宁	市中区	6 379.94	7 119.07	1 647.94	8 027.88	8 767.01
	任城区	6 487.59	7 999.71	2 151.23	8 638.83	10 150.94
	微山县	6 763.67	8 220.39	13 374.09	20 137.75	21 594.48
	汶上县	12 564.05	15 480.10	1 415.49	13 979.54	16 895.59
	泗水县	4 084.49	4 766.76	2 117.94	6 202.44	6 884.71
	曲阜市	8 211.52	10 541.16	2 008.26	10 219.78	12 549.42
	兖州市	10 690.18	13 252.13	1 140.14	11 830.32	14 392.27
	邹城市	7 342.65	9 087.76	3 519.12	10 861.77	12 606.88
	小计	62 524.10	76 467.09	27 374.20	89 898.31	103 841.29

续表 5-8

水资源分区	行政区	农田灌溉需水量		林牧渔业	合计	
		50%	75%		50%	75%
湖东泰安	宁阳县	10 659.76	13 147.91	3 043.28	13 703.04	16 191.19
湖东枣庄	薛城区	2 856.54	3 440.18	776.12	3 632.66	4 216.30
	滕州市	17 611.51	21 132.49	3 303.38	20 914.89	24 435.87
	山亭区	2 070.97	2 531.30	1 974.01	4 044.98	4 505.31
	小计	22 539.02	27 103.97	6 053.52	28 592.54	33 157.49
湖东区合计		95 722.88	116 718.96	36 471.00	132 193.89	153 189.97
湖西济宁	鱼台县	13 516.47	15 285.30	2 724.87	16 241.34	18 010.17
	金乡县	14 630.14	17 386.21	954.15	15 584.29	18 340.36
	嘉祥县	14 690.26	17 996.79	2 060.56	16 750.83	20 057.35
	梁山县	11 614.68	14 241.35	4 279.87	15 894.55	18 521.22
	小计	54 451.56	64 909.66	10 019.45	64 471.01	74 929.10
湖西菏泽	牡丹区	17 958.23	22 679.15	3 944.46	21 902.69	26 623.62
	开发区	139.71	152.41	59.32	199.03	211.73
	单县	16 962.90	20 885.00	4 652.98	21 615.88	25 537.98
	曹县	18 382.86	23 663.43	3 899.95	22 282.80	27 563.37
	成武县	11 972.50	14 855.20	2 885.77	14 858.27	17 740.97
	定陶县	9 922.87	12 524.32	2 019.08	11 941.95	14 543.40
	郓城县	20 394.68	25 719.39	3 289.14	23 683.82	29 008.53
	鄄城县	10 229.47	12 832.91	3 741.70	13 971.16	16 574.60
	巨野县	7 172.99	8 484.68	4 124.61	11 297.60	12 609.29
	东明县	12 499.10	15 414.69	2 931.04	15 430.15	18 345.73
	小计	125 635.31	157 211.17	31 548.04	157 183.35	188 759.21
湖西区合计		180 086.87	222 120.83	41 567.49	221 654.36	263 688.32
流域合计		275 809.75	338 839.79	78 038.49	353 848.25	416 878.29
沿湖受水区合计		36 004.22	42 064.65	20 674.25	56 678.46	62 738.90
按行政区合计	济宁市	116 975.67	141 376.74	37 393.65	154 369.32	178 770.39
	枣庄市	22 539.02	27 103.97	6 053.52	28 592.54	33 157.49
	菏泽市	125 635.31	157 211.17	31 548.04	157 183.35	188 759.21
	泰安市	10 659.76	13 147.91	3 043.28	13 703.04	16 191.19

南四湖流域基准方案第一产业需水量见表 5-8。从表中可知,2010 年南四湖流域第一产业需水量为 430 420.58 万 m³,2020 年基准方案的第一产业需水量分别为 409 771.53 万 m³(50%)、475 710.64 万 m³(75%),推荐方案的第一产业需水量分别为 353 848.25 万 m³(P=50%)、416 878.28 万 m³(P=75%)。推荐方案较 2010 年分别减少了 21.6%(P=50%)和 3.24%(P=75%);较基准方案分别减少了 15.8%(P=50%)和 14.1%(P=75%)。

5.4.2 第二产业需水量

第二产业需水量包括工业需水量和建筑业需水量。结合各县(市、区)的《水资源综合规划》、统计年鉴和水资源公报确定 2010 年全流域各县(市、区)的第二产业用水定额及 2020 年第二产业增加值。基准方案工业增加值定额根据各地"十二五"规划确定济宁、枣庄、菏泽、泰安和徐州比 2010 年定额分别下降 23%、17%、39%、30% 和 39%,工业增加值按照年增长 7% 计算。

5.4.2.1 基准方案

南四湖流域第二产业增加值、需水定额及需水量(基准方案)见表 5-9。表中数据表明,全市各县(市、区)的第二产业增加值和需水定额不同,这主要取决于各自的经济发展水平和节水水平。2020 年基准方案全流域第二产业需水量为 76 801.70 万 m³,较 2010 年的 48 755.53 万 m³ 增长 57.5%。

表 5-9　南四湖流域第二产业增加值、需水定额及需水量(基准方案)

水资源分区	行政区	经济指标			需水量		
		工业增加值定额(m³/万元)	建筑业产值(亿元)	工业增加值(亿元)	工业(万 m³)	建筑业(万 m³)	第二产业需水量(万 m³)
湖东济宁	市中区	52.22	32.18	112.37	5 868.5	62.95	5 931.4
	任城区	26.65	21.68	216.89	5 780.1	157.37	5 937.4
	微山县	13.70	8.95	255.62	3 503.1	206.55	3 709.6
	汶上县	8.02	12.41	155.90	1 249.9	270.94	1 520.8
	泗水县	18.32	7.73	80.77	1 479.5	161.31	1 640.8
	曲阜市	9.73	11.45	193.37	1 881.8	171.14	2 052.9
	兖州市	8.32	23.59	476.50	3 964.6	586.21	4 551.0
	邹城市	12.10	25.53	697.46	8 438.2	295.07	8 733.3
湖东泰安	宁阳县	12.17	24.59	186.32	2 266.8	444.58	2 711.3
湖东枣庄	薛城区	7.88	7.10	124.46	981.1	629.49	1 610.6
	滕州市	17.56	72.94	658.69	11 568.0	664.90	12 232.9
	山亭区	7.65	11.90	68.89	526.8	118.03	644.8

续表 5-9

水资源分区	行政区	经济指标			需水量		
		工业增加值定额（m³/万元）	建筑业产值（亿元）	工业增加值（亿元）	工业（万 m³）	建筑业（万 m³）	第二产业需水量（万 m³）
湖西济宁	鱼台县	7.50	4.37	82.06	615.1	59.01	674.1
	金乡县	23.93	7.46	56.26	1 346.5	255.73	1 602.3
	嘉祥县	9.12	8.79	168.42	1 536.0	78.69	1 614.7
	梁山县	4.41	6.89	160.62	709.0	110.16	819.2
湖西菏泽	牡丹区	23.05	54.57	200.50	4 621.4	712.11	23.05
	单县	16.11	23.02	131.31	2 115.7	196.72	2 312.5
	曹县	14.68	21.44	141.02	2 070.4	88.52	2 158.9
	成武县	14.36	12.87	96.85	1 390.3	196.72	1 587.1
	定陶县	16.66	14.26	61.31	1 021.6	88.52	1 110.1
	郓城县	12.96	21.78	148.10	1 919.3	114.09	2 033.4
	鄄城县	12.46	14.85	63.17	787.4	55.08	842.4
	巨野县	21.12	23.82	115.07	2 430.1	161.31	2 591.4
	东明县	17.51	12.88	156.65	2 742.9	102.29	2 845.2
湖东区合计		10.86	260.06	3 227.23	47 508.44	3 768.53	51 276.97
湖西区合计		9.48	226.99	1 581.35	23 305.78	2 218.95	25 524.73
流域合计		11.29	487.05	4 808.57	70 814.22	5 987.48	76 801.70
沿湖受水区合计		9.50	248.33	1 627.42	16 747.8	1 115.4	17 863.2
按行政区合计	济宁市	12.45	171.02	2 656.23	36 372.4	2 415.1	38 787.5
	枣庄市	11.30	91.94	852.04	13 075.94	1 412.41	14 488.35
	菏泽市	17.14	199.49	1 113.98	19 099.1	1 715.4	20 814.5
	泰安市	10.26	24.59	186.32	2 266.8	444.6	2 711.3

5.4.2.2　推荐方案

推荐方案工业增加值定额在基准方案定额的基础上再下降 10%，推荐方案需水定额及需水量见表 5-10。表中数据表明，2020 年推荐方案全流域第二产业需水量为 69 121.53万 m³，推荐方案较 2010 年的 48 755.53 万 m³ 增长 41.7%，较基准方案 76 801.70 万 m³减少 57.5%。

表 5-10　南四湖流域第二产业需水定额及需水量(推荐方案)

水资源分区	行政区	工业增加值定额 （m³/万元）	第二产业需水量 （万 m³）
湖东济宁	市中区	47.00	5 338.28
	任城区	23.99	5 343.70
	微山县	12.33	3 338.64
	汶上县	7.22	1 368.73
	泗水县	16.49	1 476.74
	曲阜市	8.76	1 847.65
	兖州市	7.49	4 095.87
	邹城市	10.89	7 859.95
湖东泰安	宁阳县	10.95	2 440.21
湖东枣庄	薛城区	7.09	1 449.55
	滕州市	15.81	11 009.64
	山亭区	6.88	580.33
湖西济宁	鱼台县	6.75	606.68
	金乡县	21.54	1 442.03
	嘉祥县	8.21	1 453.25
	梁山县	3.97	737.25
湖西菏泽	牡丹区	20.74	4 800.15
	单县	14.50	2 081.22
	曹县	13.21	1 943.04
	成武县	12.92	1 428.36
	定陶县	15.00	999.11
	郓城县	11.66	1 830.04
	鄄城县	11.22	758.20
	巨野县	19.01	2 332.25
	东明县	15.76	2 560.69
湖东区合计		9.78	46 149.28
湖西区合计		8.53	22 972.25
流域合计		10.16	69 121.53
沿湖受水区合计		8.55	16 076.85
按行政区合计	济宁市	11.20	34 908.75
	枣庄市	10.17	13 039.52
	菏泽市	15.43	18 733.05
	泰安市	9.23	2 440.21

5.4.3 第三产业需水量

第三产业需水量包括商饮业需水量和服务业需水量。南四湖流域第三产业发展速度较快,用水需求增加,随着产业技术的进步、生产效率和服务水平的提高,2020年第三产业需水定额较2010年定额减少10%,2020年第三产业产值年均增长9%。结合各县(市、区)《水资源综合规划》、统计年鉴和水资源公报确定2010年全市各县(市、区)的第三产业的产值。

5.4.3.1 基准方案

南四湖流域第三产业产值、需水定额及需水量(基准方案)见表5-11。从表中可知,全流域各县(市、区)2020年需水量较2010年有所增加,2020年基准方案流域第三产业需水量为9 701.33万m³,较2010年的4 553.27万m³增长113%。

表5-11 南四湖流域第三产业产值、需水定额及需水量(基准方案)

水资源分区	行政区	2010年			2020年		
		产值(亿元)	定额(m³/万元)	用水量(万m³)	定额(m³/万元)	产值(亿元)	需水量(万m³)
湖东济宁	市中区	89.17	2.59	230.94	2.33	211.10	492.05
	任城区	69.71	1.00	70.00	0.90	165.03	149.14
	微山县	92.88	1.38	128.00	1.24	219.88	272.72
	汶上县	42.00	2.41	101.33	2.17	99.43	215.90
	泗水县	26.44	2.84	75.00	2.55	62.59	159.80
	曲阜市	115.78	0.80	93.00	0.72	274.09	198.15
	兖州市	125.83	1.70	214.00	1.53	297.89	455.95
	邹城市	175.34	2.05	360.00	1.85	415.09	767.03
	小计	737.15	1.73	1 272.27	1.55	1 745.10	2 710.73
湖东泰安	宁阳县	75.30	4.25	320.00	3.82	178.26	681.80
湖东枣庄	薛城区	26.88	2.23	60.00	2.01	63.63	127.84
	滕州市	234.43	4.15	972.00	3.73	554.98	2 070.97
	山亭区	33.21	2.11	70.00	1.90	78.62	149.14
	小计	294.52	3.74	1 102.00	3.37	697.24	2 347.95
湖东区合计		1 106.97	2.43	2 694.27	2.19	2 620.60	5 740.49

续表 5-11

水资源分区	行政区	2010 年			2020 年		
		产值（亿元）	定额（m³/万元）	用水量（万 m³）	定额（m³/万元）	产值（亿元）	需水量（万 m³）
湖西济宁	鱼台县	29.05	3.79	110.00	3.41	68.77	234.37
	金乡县	37.80	4.26	161.00	3.83	89.49	343.03
	嘉祥县	48.91	2.76	135.00	2.48	115.79	287.63
	梁山县	38.62	2.59	100.00	2.33	91.43	213.06
	小计	154.38	3.28	506.00	2.95	365.47	1 078.10
湖西菏泽	牡丹区	117.23	3.88	455.00	3.49	277.53	969.44
	单县	41.07	4.87	200.00	4.38	97.23	426.13
	曹县	36.04	3.52	127.00	3.17	85.32	270.59
	成武县	22.86	8.75	200.00	7.87	54.12	426.13
	定陶县	18.67	3.21	60.00	2.89	44.20	127.84
	郓城县	37.86	2.27	86.00	2.04	89.63	183.23
	鄄城县	25.16	1.99	50.00	1.79	59.56	106.53
	巨野县	31.43	3.88	122.00	3.49	74.41	259.94
	东明县	23.24	2.28	53.00	2.05	55.02	112.92
	小计	353.56	3.83	1 353.00	3.44	837.01	2 882.74
湖西区合计		507.94	3.66	1 859.00	3.29	1 202.48	3 960.84
流域合计		1 614.91	2.82	4 553.27	2.54	3 823.09	9 701.33
沿湖受水区合计		307.69	1.95	598.94	1.75	728.41	1 276.12
按行政区合计	济宁市	891.53	1.99	1 778.27	1.80	2 110.58	3 788.83
	枣庄市	294.52	3.74	1 102.00	3.37	697.24	2 347.95
	菏泽市	353.56	3.83	1 353.00	3.44	837.01	2 882.74
	泰安市	75.30	4.25	320.00	3.82	178.26	681.80

5.4.3.2 推荐方案

南四湖流域第三产业推荐方案需水定额在基准方案定额的基础上再下降 10%，定额及需水量见表 5-12。从表中可知，全流域各县（市、区）2020 年需水量较 2010 年有所增加，2020 年推荐方案流域第三产业需水量为 8 731.189 万 m³，较 2010 年的 4 553.27 万 m³ 增长 91.7%；较基准方案的 9 701.32 万 m³ 减少 10.0%。

表 5-12　南四湖流域第三产业产值、需水定额及需水量（推荐方案）

水资源分区	行政区	定额（m³/万元）	产值（亿元）	需水量（万 m³）
湖东济宁	市中区	2.10	211.10	442.842
	任城区	0.81	165.03	134.230
	微山县	1.12	219.88	245.448
	汶上县	1.95	99.43	194.307
	泗水县	2.30	62.59	143.817
	曲阜市	0.65	274.09	178.334
	兖州市	1.38	297.89	410.359
	邹城市	1.66	415.09	690.323
	小计	1.40	1 745.10	2 439.660
湖东泰安	宁阳县	3.44	178.26	613.621
湖东枣庄	薛城区	1.81	63.63	115.054
	滕州市	3.36	554.98	1 863.873
	山亭区	1.71	78.62	134.230
	小计	3.03	697.24	2 113.156
湖东区合计		1.97	2 620.60	5 166.437
湖西济宁	鱼台县	3.07	68.77	210.932
	金乡县	3.45	89.49	308.728
	嘉祥县	2.24	115.79	258.871
	梁山县	2.10	91.43	191.756
	小计	2.65	365.47	970.288
湖西菏泽	牡丹区	3.14	277.53	872.492
	单县	3.94	97.23	383.513
	曹县	2.85	85.32	243.531
	成武县	7.09	54.12	383.513
	定陶县	2.60	44.20	115.054
	郓城县	1.84	89.63	164.911
	鄄城县	1.61	59.56	95.878
	巨野县	3.14	74.41	233.943
	东明县	1.85	55.02	101.631
	小计	3.10	837.01	2 594.465
湖西区合计		2.96	1 695.22	3 564.753
流域合计		2.28	4 315.82	8 731.189
沿湖受水区合计		1.58	1 221.16	1 148.506
按行政区合计	济宁市	1.62	2 110.58	3 409.948
	枣庄市	3.03	697.24	2 113.156
	菏泽市	3.10	837.01	2 594.465
	泰安市	3.44	178.26	613.621

5.4.4 生产需水总量

5.4.4.1 基准方案

南四湖流域各县(市、区)区规划水平年(2020年)基准方案的生产需水量见表5-13。从表中可知,2020年全流域基准方案生产需水量为496 274.55万 m^3($P=50\%$)、562 213.66万 m^3($P=75\%$),较2010年的483 729.38万 m^3分别减少了2.59%($P=50\%$)和增加了16.22%($P=75\%$)。

表5-13 南四湖流域生产需水量(基准方案) （单位:万 m^3）

水资源分区	行政区	第一产业		第二产业	第三产业	合计	
		50%	75%			50%	75%
湖东济宁	市中区	9 241.04	10 014.28	5 868.47	492.05	15 601.56	16 374.80
	任城区	10 004.11	11 586.01	5 780.07	149.14	15 933.32	17 515.23
	微山县	22 751.16	24 275.12	3 503.05	272.72	26 526.93	28 050.89
	汶上县	16 226.12	19 276.76	1 249.87	215.90	17 691.89	20 742.52
	泗水县	6 890.76	7 604.51	1 479.51	159.80	8 530.06	9 243.82
	曲阜市	12 171.03	14 608.19	1 881.81	198.15	14 250.98	16 688.15
	兖州市	13 801.80	16 482.00	3 964.76	455.95	18 222.51	20 902.71
	邹城市	12 509.88	14 335.53	8 438.20	767.03	21 715.11	23 540.75
	小计	103 595.90	118 182.41	32 165.74	2 710.73	138 472.38	153 058.88
湖东泰安	宁阳县	15 820.58	18 423.57	2 266.76	681.80	18 769.15	21 372.13
湖东枣庄	薛城区	4 163.20	4 773.78	1 610.61	127.84	5 901.65	6 512.23
	滕州市	23 770.04	27 453.53	12 232.94	2 070.97	38 073.94	41 757.43
	山亭区	4 590.28	5 071.85	644.81	149.14	5 384.23	5 865.80
	小计	32 523.52	37 299.16	14 488.35	2 347.95	49 359.82	54 135.46
湖东区合计		151 940.00	173 905.13	51 276.97	5 740.49	208 957.46	230 922.59
湖西济宁	鱼台县	18 514.47	20 364.94	615.08	234.37	19 363.92	21 214.39
	金乡县	17 671.79	20 555.06	1 346.52	343.03	19 361.34	22 244.61
	嘉祥县	19 469.23	22 928.37	1 536.03	287.63	21 292.89	24 752.03
	梁山县	18 238.41	20 986.31	709.00	213.06	19 160.48	21 908.38
	小计	73 893.90	84 834.68	4 206.63	1 078.10	79 178.64	90 119.41

续表 5-13

水资源分区	行政区	第一产业		第二产业	第三产业	合计	
		50%	75%			50%	75%
湖西菏泽	牡丹区	25 787.05	30 725.87	5 333.50	969.44	32 089.99	37 028.81
	开发区	212.07	225.36	0	0	212.07	225.36
	单县	24 935.63	29 038.75	2 312.46	426.13	27 674.22	31 777.34
	曹县	26 639.61	32 163.89	2 158.93	270.59	29 069.13	34 593.42
	成武县	17 263.49	20 279.24	1 587.06	426.13	19 276.68	22 292.42
	定陶县	14 073.07	16 794.59	1 110.13	127.84	15 311.03	18 032.55
	郓城县	27 948.32	33 518.78	2 033.38	183.23	30 164.93	35 735.39
	鄄城县	16 270.30	18 993.90	842.44	106.53	17 219.27	19 942.87
	巨野县	12 770.86	14 143.08	2 591.39	259.94	15 622.19	16 994.41
	东明县	18 037.22	21 087.37	2 845.21	112.92	20 995.35	24 045.50
	小计	183 937.62	216 970.83	20 814.50	2 882.74	207 634.86	240 668.07
湖西区合计		257 831.53	301 805.51	25 524.73	3 960.84	287 317.09	331 291.07
流域合计		409 771.53	475 710.64	76 801.70	9 701.32	496 274.55	562 213.66
沿湖受水区合计		64 673.99	71 014.14	17 863.17	1 276.12	83 813.28	90 153.42
按行政区合计	济宁市	177 489.81	203 017.09	38 787.50	3 788.83	220 066.14	245 593.42
	枣庄市	32 523.52	37 299.16	14 488.35	2 347.95	49 359.82	54 135.46
	菏泽市	183 937.62	216 970.83	20 814.50	2 882.74	207 634.86	240 668.07
	泰安市	15 820.58	18 423.57	2 711.34	681.80	19 213.72	21 816.71

5.4.4.2　推荐方案

南四湖流域各市区规划水平年(2020 年)推荐方案的生产需水量见表 5-14。从表中可知,2020 年全流域推荐方案生产需水量为 431 700.97 万 m³(P = 50%)、494 731.00 万 m³(P = 75%),推荐方案较 2010 年的 483 729.38 万 m³ 分别减少了 10.7%(P = 50%)和增加了 2.27%(P = 75%);较基准方案的 496 274.55 万 m³(P = 50%)、562 213.66 万 m³(P = 75%)分别减少了 13.01%(P = 50%)和 12.00%(P = 75%)。

表 5-14　南四湖流域生产需水量（推荐方案）　　　（单位：万 m³）

水资源分区	行政区	第一产业		第二产业	第三产业	合计	
		50%	75%			50%	75%
湖东济宁	市中区	8 027.88	8 767.01	5 338.28	442.84	13 809.00	14 548.13
	任城区	8 638.83	10 150.94	5 343.70	134.23	14 116.75	15 628.87
	微山县	20 137.75	21 594.48	3 338.64	245.45	23 721.84	25 178.57
	汶上县	13 979.54	16 895.59	1 368.73	194.31	15 542.57	18 458.62
	泗水县	6 202.44	6 884.71	1 476.74	143.82	7 822.99	8 505.26
	曲阜市	10 219.78	12 549.42	1 847.65	178.33	12 245.77	14 575.41
	兖州市	11 830.32	14 392.27	4 095.87	410.36	16 336.55	18 898.50
	邹城市	10 861.77	12 606.88	7 859.95	690.32	19 412.04	21 157.15
	小计	89 898.31	103 841.29	30 669.55	2 439.66	123 007.52	136 950.50
湖东泰安	宁阳县	13 703.04	16 191.19	2 440.21	613.62	16 756.87	19 245.01
湖东枣庄	薛城区	3 632.66	4 216.30	1 449.55	115.05	5 197.27	5 780.91
	滕州市	20 914.89	24 435.87	11 009.64	1 863.87	33 788.41	37 309.39
	山亭区	4 044.98	4 505.31	580.33	134.23	4 759.54	5 219.87
	小计	28 592.54	33 157.49	13 039.52	2 113.16	43 745.22	48 310.17
湖东区合计		132 193.89	153 189.97	46 149.28	5 166.44	183 509.60	204 505.68
湖西济宁	鱼台县	16 241.34	18 010.17	606.68	210.93	17 058.96	18 827.78
	金乡县	15 584.29	18 340.36	1 442.03	308.73	17 335.05	20 091.11
	嘉祥县	16 750.83	20 057.35	1 453.25	258.87	18 462.94	21 769.47
	梁山县	15 894.55	18 521.22	737.25	191.76	16 823.55	19 450.22
	小计	64 471.01	74 929.10	4 239.20	970.29	69 680.50	80 138.59
湖西菏泽	牡丹区	21 902.69	26 623.62	4 800.15	872.49	27 575.34	32 296.26
	开发区	199.03	211.73	0	0	199.03	211.73
	单县	21 615.88	25 537.98	2 081.22	383.51	24 080.61	28 002.71
	曹县	22 282.80	27 563.37	1 943.04	243.53	24 469.37	29 749.94
	成武县	14 858.27	17 740.97	1 428.36	383.51	16 670.14	19 552.84
	定陶县	11 941.95	14 543.40	999.11	115.05	13 056.11	15 657.57
	郓城县	23 683.82	29 008.53	1 830.04	164.91	25 678.77	31 003.48
	鄄城县	13 971.16	16 574.60	758.20	95.88	14 825.24	17 428.68
	巨野县	11 297.60	12 609.29	2 332.25	233.94	13 863.80	15 175.48
	东明县	15 430.15	18 345.73	2 560.69	101.63	18 092.46	21 008.05
	小计	157 183.35	188 759.21	18 733.05	2 594.46	178 510.87	210 086.73

续表 5-14

水资源分区	行政区	第一产业		第二产业	第三产业	合计	
		50%	75%			50%	75%
湖西区合计		221 654.36	263 688.32	22 972.25	3 564.75	248 191.37	290 225.32
流域合计		353 848.25	416 878.28	69 121.53	8 731.19	431 700.97	494 731.00
沿湖受水区合计		56 678.46	62 738.90	16 076.85	1 148.51	73 903.82	79 964.25
按行政区合计	济宁市	154 369.32	178 770.39	34 908.75	3 409.95	192 688.02	217 089.09
	枣庄市	28 592.54	33 157.49	13 039.52	2 113.16	43 745.22	48 310.17
	菏泽市	157 183.35	188 759.21	18 733.05	2 594.46	178 510.87	210 086.73
	泰安市	13 703.04	16 191.19	2 440.21	613.62	16 756.87	19 245.01

5.5 生态环境需水量预测

生态环境需水是指为维持生态与环境功能和进行生态环境建设所需要的最小需水量,是特定区域内生态需水的总称,包括生物体自身的需水和生物体赖以生存的环境需水。因为用水总量控制指标中已把河道内生态环境需水量扣除,所以本次生态环境需水仅按河道外生态环境需水进行计算,一般指城镇公共绿地及环境卫生用水等。

河道外生态环境需水指保护、修复或建设给定区域的生态环境需要人为补充的水量,分为城镇生态环境需水和农村生态环境需水。城镇生态环境需水量指为保持城镇良好的生态环境所需要的水量,主要包括城镇绿地建设需水量、城镇河湖补水量和城镇环境卫生需水量。农村生态环境需水包括湖泊和沼泽湿地生态环境补水、林草植被建设需水和地下水回灌补水等。各项的需水定额均依据各县(市、区)水资源综合规划和水资源公报来确定。

2020 年的城镇绿化、河湖补水、环境卫生面积较 2010 年均有所增加,2020 年生态需水量为 7 800.10 万 m³,较 2010 年的 7 091.00 万 m³ 增加 9.9%,具体见表 5-15。

5.6 需水总量

5.6.1 基准方案

南四湖流域需水总量包括生活需水量、生产需水量和生态环境需水量。2020 年基准方案需水量见表 5-16。2020 年全流域的生活、生产和生态环境需水量相比于 2010 年均有所增加。2020 年的全流域总的需水量从 2010 年的 542 364.59 万 m³ 增长为 2020 年的 573 418.83 万 m³($P = 50\%$)、639 357.94 万 m³($P = 75\%$),分别增加了 5.72% 和 17.88%。

表 5-15　南四湖流域河道外生态环境需水量

水资源分区	行政区	面积（km²）	2010 年		2020 年	
			用水量（万 m³）	单位面积生态用水定额（万 m³/km²）	单位面积生态用水定额（万 m³/km²）	生态需水量（万 m³）
湖东济宁	市中区	35.0	405.00	11.57	12.73	445.50
	任城区	869.5	239.00	0.27	0.30	262.90
	微山县	1 591.3	230.00	0.14	0.16	253.00
	汶上县	762.3	86.00	0.11	0.12	94.60
	泗水县	1 070.0	30.00	0.03	0.03	33.00
	曲阜市	889.4	181.00	0.20	0.22	199.10
	兖州市	690.0	85.00	0.12	0.14	93.50
	邹城市	1 387.3	352.00	0.25	0.28	387.20
	小计	7 294.8	1 608.00	0.22	0.24	1 768.80
湖东泰安	宁阳县	1 125.0	180.00	0.16	0.18	198.00
湖东枣庄	薛城区	507.0	512.00	1.01	1.11	563.20
	滕州市	1 485.0	716.00	0.48	0.53	787.60
	山亭区	1 018.0	120.00	0.12	0.13	132.00
	小计	3 010.0	1 348.00	0.45	0.49	1 482.80
湖东区合计		11 429.8	3 136.00	0.27	0.30	3 449.60
湖西济宁	鱼台县	628.0	20.00	0.03	0.04	22.00
	金乡县	790.0	90.00	0.11	0.13	99.00
	嘉祥县	1 008.2	235.00	0.23	0.26	258.50
	梁山县	963.9	35.00	0.04	0.04	38.50
	小计	3 390.1	380.00	0.11	0.12	418.00

续表 5-15

水资源分区	行政区	面积（km²）	2010 年			2020 年	
			用水量（万 m³）	单位面积生态用水定额（万 m³/km²）		单位面积生态用水定额（万 m³/km²）	生态需水量（万 m³）
湖西菏泽	牡丹区	1 432.0	966.00	0.67		0.74	1 062.60
	单县	1 680.0	905.00	0.54		0.59	995.50
	曹县	1 969.0	131.00	0.07		0.07	144.10
	成武县	949.4	120.00	0.13		0.14	132.00
	定陶县	845.9	61.00	0.07		0.08	67.10
	郓城县	1 643.0	123.00	0.07		0.08	135.30
	鄄城县	1 041.00	67.00	0.06		0.07	73.70
	巨野县	1 303.00	153.00	0.12		0.13	168.30
	东明县	1 370.00	1049.00	0.77		0.84	1 153.90
	小计	12 233.30	3 575.00	0.29		0.32	3 932.50
湖西区合计		15 623.40	3 955.00	0.25		0.28	4 350.50
流域合计		27 053.20	7 091.00	0.26		0.29	7 800.10
沿湖受水区合计		3 630.80	1 406.00	0.39		0.43	1 546.60
按行政区合计	济宁市	10 684.90	1 988.00	0.19		0.20	2 186.80
	枣庄市	3 010.00	1 348.00	0.45		0.49	1 482.80
	菏泽市	12 233.30	3 575.00	0.29		0.32	3 932.50
	泰安市	1 125.00	180.00	0.16		0.18	198.00

表 5-16　2020 年南四湖流域需水总量（基准方案）　　　　　（单位:万 m³）

水资源分区	行政区	生活	生产		生态	总计	
			50%	75%		50%	75%
湖东济宁	市中区	2 327.37	15 601.56	16 374.80	445.50	18 374.44	19 147.67
	任城区	2 269.74	15 933.32	17 515.23	262.90	18 465.96	20 047.86
	微山县	2 448.09	26 526.93	28 050.89	253.00	29 228.02	30 751.98
	汶上县	2 550.41	17 691.89	20 742.52	94.60	20 336.90	23 387.54
	泗水县	2 140.97	8 530.06	9 243.82	33.00	10 704.04	11 417.80
	曲阜市	2 353.31	14 250.98	16 688.15	199.10	16 803.39	19 240.56
	兖州市	2 357.70	18 222.51	20 902.71	93.50	20 673.71	23 353.91
	邹城市	4 118.99	21 715.11	23 540.75	387.20	26 221.30	28 046.94
	小计	20 566.58	138 472.38	153 058.88	1 768.80	160 807.76	175 394.26

续表 5-16

水资源分区	行政区	生活	生产		生态	总计	
			50%	75%		50%	75%
湖东泰安	宁阳县	2 753.27	18 769.15	21 372.13	198.00	21 720.41	24 323.40
	薛城区	1 483.04	5 272.17	5 882.74	563.20	7 318.41	7 928.98
	滕州市	5 907.90	37 409.04	41 092.53	787.60	44 104.54	47 788.03
	山亭区	1 719.45	5 266.20	5 747.77	132.00	7 117.65	7 599.23
	小计	9 110.39	47 947.41	52 723.05	1 482.80	58 540.60	63 316.24
湖东区合计		32 430.24	205 188.93	227 154.06	3 449.60	241 068.77	263 033.90
湖西济宁	鱼台县	1 556.13	19 363.92	21 214.39	22.00	20 942.05	22 792.51
	金乡县	2 105.90	19 361.34	22 244.61	99.00	21 566.24	24 449.51
	嘉祥县	2 867.39	21 292.89	24 752.03	258.50	24 418.78	27 877.92
	梁山县	2 567.02	19 160.48	21 908.38	38.50	21 766.00	24 513.90
	小计	9 096.43	79 178.64	90 119.41	418.00	88 693.07	99 633.85
湖西菏泽	牡丹区	4 882.44	31 377.88	36 316.70	1 062.60	37 322.93	42 261.74
	单县	3 530.91	27 477.50	31 580.63	995.50	32 003.92	36 107.04
	曹县	4 397.86	28 980.61	34 504.89	144.10	33 522.56	39 046.85
	成武县	1 964.44	19 079.96	22 095.71	132.00	21 176.40	24 192.15
	定陶县	1 923.42	15 222.51	17 944.03	67.10	17 213.03	19 934.55
	郓城县	3 436.33	30 050.83	35 621.30	135.30	33 622.46	39 192.92
	鄄城县	2 417.49	17 164.19	19 887.79	73.70	19 655.38	22 378.98
	巨野县	2 967.53	15 460.88	16 833.11	168.30	18 596.72	19 968.94
	东明县	2 297.09	20 893.06	23 943.21	1 153.90	24 344.05	27 394.20
	小计	27 817.51	205 919.50	238 952.71	3 932.50	237 457.44	270 477.36
湖西区合计		36 913.94	287 317.09	331 291.07	4 350.50	328 581.53	372 555.51
流域合计		69 344.18	496 274.55	562 213.66	7 800.10	573 418.83	639 357.94
沿湖受水区合计		10 084.37	83 813.28	90 153.42	1 546.60	95 444.25	101 784.39
按行政区合计	济宁市	29 663.02	217 651.01	243 178.29	2 186.80	249 500.83	275 028.11
	枣庄市	9 110.39	47 947.41	52 723.05	1 482.80	58 540.60	63 316.24
	菏泽市	27 817.51	205 919.50	238 952.71	3 932.50	237 457.44	270 477.36
	泰安市	2 753.27	18 769.15	21 372.13	198.00	21 720.41	24 323.40

5.6.2　推荐方案

南四湖流域 2020 年推荐方案需水量见表 5-17。2020 年的全流域总的需水量从 2010 年的 542 364.59 万 m³ 分别减少为 2020 年的 505 112.34 万 m³（P = 50%）和568 142.38 万 m³（P = 75%），推荐方案较 2010 年平水年减少了 6.87%（P = 50%）、枯水年增加了 4.75%（P = 75%）；较基准方案的 573 418.83 万 m³（P = 50%）、639 357.94 万 m³（P = 75%）分别减少了 11.9%（P = 50%）和 11.1%（P = 75%）。

表 5-17　2020 年南四湖流域需水总量（推荐方案）　　　　　　（单位：万 m³）

水资源分区	行政区	生活	生产		生态	总计	
			50%	75%		50%	75%
湖东济宁	市中区	2 103.64	13 809.00	14 548.13	445.50	16 358.14	17 097.27
	任城区	2 067.36	14 116.75	15 628.87	262.90	16 447.01	17 959.12
	微山县	2 174.96	23 721.84	25 178.57	253.00	26 149.80	27 606.53
	汶上县	2 255.74	15 542.57	18 458.62	94.60	17 892.91	20 808.96
	泗水县	1 905.34	7 822.99	8 505.26	33.00	9 761.33	10 443.60
	曲阜市	2 110.94	12 245.77	14 575.41	199.10	14 555.81	16 885.45
	兖州市	2 117.31	16 336.55	18 898.50	93.50	18 547.35	21 109.30
	邹城市	3 679.49	19 412.04	21 157.15	387.20	23 478.73	25 223.84
	小计	18 414.77	123 007.52	136 950.50	1 768.80	143 191.09	157 134.07
湖东泰安	宁阳县	2 441.02	16 756.87	19 245.01	198.00	19 395.88	21 884.03
湖东枣庄	薛城区	1 321.04	5 197.27	5 780.91	563.20	7 081.51	7 665.14
	滕州市	5 269.18	33 788.41	37 309.39	787.60	39 845.19	43 366.17
	山亭区	1 527.77	4 759.54	5 219.87	132.00	6 419.31	6 879.64
	小计	8 117.99	43 745.22	48 310.17	1 482.80	53 346.01	57 910.96
湖东区合计		28 973.78	183 509.60	204 505.68	3 449.60	215 932.98	236 929.06
湖西济宁	鱼台县	1 377.24	17 058.96	18 827.78	22.00	18 458.19	20 227.02
	金乡县	1 862.26	17 335.05	20 091.11	99.00	19 296.30	22 052.37
	嘉祥县	2 537.10	18 462.94	21 769.47	258.50	21 258.54	24 565.07
	梁山县	2 269.26	16 823.55	19 450.22	38.50	19 131.31	21 757.98
	小计	8 045.85	69 680.50	80 138.59	418.00	78 144.35	88 602.44

续表 5-17

水资源分区	行政区	生活	生产		生态	总计	
			50%	75%		50%	75%
湖西菏泽	牡丹区	5 155.96	27 575.34	32 296.26	1 062.60	33 793.89	38 514.82
	开发区	0.00	199.03	211.73	0.00	199.03	211.73
	单县	3 622.57	24 080.61	28 002.71	995.50	28 698.68	32 620.78
	曹县	4 479.16	24 469.37	29 749.94	144.10	29 092.63	34 373.20
	成武县	2 007.95	16 670.14	19 552.84	132.00	18 810.09	21 692.79
	定陶县	1 968.27	13 056.11	15 657.57	67.10	15 091.49	17 692.94
	郓城县	3 498.94	25 678.77	31 003.48	135.30	29 313.01	34 637.71
	鄄城县	2 457.61	14 825.24	17 428.68	73.70	17 356.55	19 959.99
	巨野县	3 058.29	13 863.80	15 175.48	168.30	17 090.39	18 402.07
	东明县	2 342.89	18 092.46	21 008.05	1 153.90	21 589.26	24 504.84
	小计	28 591.65	178 510.87	210 086.73	3 932.50	211 035.01	242 610.88
湖西区合计		36 637.49	248 191.37	290 225.32	4 350.50	289 179.36	331 213.32
流域合计		65 611.27	431 700.97	494 731.00	7 800.10	505 112.34	568 142.38
沿湖受水区合计		9 044.23	73 903.82	79 964.25	1 546.60	84 494.65	90 555.08
按行政区合计	济宁市	26 460.62	192 688.02	217 089.09	2 186.80	221 335.44	245 736.51
	枣庄市	8 117.99	43 745.22	48 310.17	1 482.80	53 346.01	57 910.96
	菏泽市	28 591.65	178 510.87	210 086.73	3 932.50	211 035.01	242 610.88
	泰安市	2 441.02	16 756.87	19 245.01	198.00	19 395.88	21 884.03

5.7　基于 C-D 模型的区域需水量预测方法

5.7.1　C-D 模型简介

C-D 生产函数由美国数学家柯布和经济学家道格拉斯于 20 世纪 30 年代初共同提出,是用来预测国家和地区的工业系统或大企业的生产和分析发展生产的途径的一种经济数学模型。C-D 模型的一般形式为

$$Y = A(t)f(K,L) = A(t)K^{\alpha}L^{\beta}\mu \tag{5-2}$$

式中:Y 为 t 时期区域工业总产值,亿元或万元;$A(t)$ 为 t 时期区域综合技术水平;K 为 t 时期区域投入的资本或资本存量,一般指固定资产净值,亿元或万元;L 为 t 时期区域投入

的劳动力数,万人或人;α 为 t 时期区域资本产出的弹性系数;β 为 t 时期区域劳动力产出的弹性系数;μ 为随机干扰的影响,$\mu \leqslant 1$。

依据多年的工业产值、资本投入、劳动力投入等序列数据,利用统计分析方法,可得到式(5-2)的 $A(t)$、α 和 β,依此模型即可对区域经济发展进行预测。

C–D 模型在用来预测区域经济发展量的同时,还可以用来估算各种要素对经济增长的贡献率。1957 年,麻省理工学院的索洛教授对 C–D 模型进行处理,推导出增长速度方程。其计算公式为

$$G_y = G_{A(t)} + \alpha G_K + \beta G_L \tag{5-3}$$

式中:G_y 为产出的年平均增长速度;$G_{A(t)}$ 为科技进步的年平均增长速度;αG_K 为资金的产出年平均增长率,α 为资金的产出弹性系数,G_K 为单位资金投入增长率;βG_L 为劳动力的产出年平均增长率,β 为劳动力的弹性系数;G_L 为单位劳动力投入增长率。

式(5-3)中,G_y、G_K 和 G_L 均可以从统计资料的分析中得到。

5.7.2　基于 C–D 的需水量预测模型

假设区域需水量的影响因素为 $X_1, X_2, X_3, \cdots, X_n$,参照式(5-3)写出需水量预测模型为

$$W_t = N(t)f(X_1, X_2, X_3, \cdots, X_n) = N(t)X_1^{a_1} X_2^{a_2} X_3^{a_3} \cdots X_i^{a_i} \cdots X_n^{a_n} \tag{5-4}$$

式中:W_t 为 t 时期区域需水量;$N(t)$ 为 t 时期区域的自然条件水平;X_i 为 t 时期区域需水量的影响因素;a_i 为 t 时期影响因素 X_i 的需水量的弹性系数;n 为区域需水量的影响因素个数。

参照 C–D 生产函数基本原理,由式(5-4)可以得出如下结论:

(1)$\sum a_i$ 决定了区域需水量随生产规模的增加速度,$\sum a_i$ 越大,需水量增加越快。

(2)需水量的弹性系数 $a_i > 0$,表明该影响因素对需水量有正向作用,即需水量随影响因素规模的增大而增加;$a_i < 0$,表明该影响因素对需水量有负向作用,即需水量随影响因素规模的增大而减少。

5.7.3　需水量影响因素贡献率分析

对式(5-4)求全导数,可以得到:

$$\frac{\mathrm{d}W_t}{\mathrm{d}t} = \frac{\mathrm{d}N(t)}{\mathrm{d}t}[f(X_1, X_2, \cdots, X_n)] + N(t)\frac{\partial f}{\partial X_1}\frac{\mathrm{d}X_1}{\mathrm{d}t} +$$
$$N(t)\frac{\partial f}{\partial X_2}\frac{\mathrm{d}X_2}{\mathrm{d}t} + \cdots + N(t)\frac{\partial f}{\partial X_n}\frac{\mathrm{d}X_n}{\mathrm{d}t} \tag{5-5}$$

将式(5-5)除以 W_t,并且定义参数 $a_i = \frac{\partial f}{\partial X_i}\frac{X_i}{W_t}$,即得到

$$\frac{\mathrm{d}W_t/\mathrm{d}t}{W_t} = \frac{\mathrm{d}N(t)/\mathrm{d}t}{N(t)} + a_1\frac{\mathrm{d}X_1/\mathrm{d}t}{X_1} + a_2\frac{\mathrm{d}X_2/\mathrm{d}t}{X_2} + \cdots + a_n\frac{\mathrm{d}X_n/\mathrm{d}t}{X_n} \tag{5-6}$$

式(5-6)即为区域需水量增长率的分解式。其左端为需水量增长率;右端第一项为自然条件引起的需水量增长率,第二项及以后项为弹性系数 a_i 与需水量影响因素增长率

$\dfrac{\mathrm{d}X_i/\mathrm{d}t}{X_i}$ 的乘积,即为影响因素 X_i 引起的需水量增长率。

在应用式(5-6)时,由于实际得到的 W_t 和 X_i 均是离散数据,所以可将式(5-5)变成如下的差分形式

$$\frac{\Delta W_t/\Delta t}{W_t} = \frac{\Delta N(t)/\Delta t}{N(t)} + a_1\frac{\Delta X_1/\Delta t}{X_1} + a_2\frac{\Delta X_2/\Delta t}{X_2} + \cdots + a_n\frac{\Delta X_n/\Delta t}{X_n} \qquad (5\text{-}7)$$

令 $G_W = \dfrac{\Delta W_t/\Delta t}{W_t}$,$G_i = \dfrac{\Delta X_i/\Delta t}{X_i}$,将式(5-7)变为

$$G_W = G_N + a_1G_1 + a_2G_2 + \cdots a_iG_i + \cdots + a_nG_n \qquad (5\text{-}8)$$

式中:G_W 为区域需水量的增长率;G_N 为自然条件引起的需水量增长率;G_i 为影响因素 X_i 的增长率;a_iG_i 为影响因素 X_i 引起的需水量的增长率。

式(5-8)中 G_W、G_i、a_i 可根据以往的资料利用统计分析方法得到,因此自然条件引起的需水量增长率 G_N 作为"余值"利用下式求出

$$G_N = G_W - a_1G_1 - a_2G_2 - \cdots - a_nG_n \qquad (5\text{-}9)$$

进而可求出需水量影响因素的贡献率,公式如下

$$E_N = G_N/G_W \times 100\%$$

$$E_i = a_iG_i/G_W \times 100\% = a_i\frac{\Delta X_i}{X_i}\Big/\frac{\Delta W}{W} \times 100\% \qquad (5\text{-}10)$$

式中:E_N 和 E_i 分别为自然条件和影响因素 X_i 对需水量增长的贡献率。

5.7.4 需水量预测与分析步骤

利用 C–D 模型预测区域需水量的步骤如下。

5.7.4.1 数据调查与统计

分析区域需水量的影响因素。区域需水量影响因素主要包括地区一、二、三产业产值,城市人口,农业人口,灌溉面积,大小牲畜数量等。上述影响因素以年为时段进行统计,由此可得到区域需水量和影响因素的多年时间序列值。

5.7.4.2 参数估计与模型建立

式(5-4)为非线性函数,为便于求解模型中的参数,对其两边取自然对数,则有

$$\ln W_t = \ln N(t) + a_1\ln X_1 + a_2\ln X_2 + \cdots + a_n\ln X_n \qquad (5\text{-}11)$$

令 $Y' = \ln W_t$,$C = \ln N(t)$,$X'_i = \ln X_i$,可得到需水量预测模型的线性表达式为

$$Y' = C + a_1X'_1 + a_2X'_2 + \cdots + a_nX'_n \qquad (5\text{-}12)$$

利用 W_t 和 X_i 的多年时间序列值,通过多元线性回归分析即可得到式(5-12),进而求得式(5-4),即区域需水量预测模型。回归分析模型(5-4)应满足 F 检验与相关系数检验,回归系数 a_i 应满足 t 检验。当回归系数 a_i 不满足 t 检验时,说明该影响因素对该区域需水量影响不大,应将该因素剔除重新进行回归分析,建立预测模型。

5.7.4.3 影响因素对区域需水量贡献率分析

依据回归系数及区域需水量和影响因素的时间序列值,利用式(5-10)可求得区域需水量影响因素的贡献率。

5.7.5　模型应用实例

5.7.5.1　需水量预测模型

以本流域济宁市需水量预测为例对模型进行验证。根据 2001~2010 年济宁市统计年鉴,年用水量与相关因素间的关系见表 5-18。

表 5-18　济宁市 2001~2010 年用水量及其相关因素

年份	用水量（亿 m³）	GDP（亿元）				灌溉面积（万 hm²）	人口（万人）		城镇居民人均可支配收入（万元/人）	农村居民人均纯收入（万元/人）
		总值	第一产业增加值	第二产业增加值	第三产业增加值		非农业人口	农业人口		
2001	31.68	622.09	119.72	280.98	221.39	42.279	199.92	594.03	0.629 6	0.282 4
2002	28.21	707.03	123.48	330.76	252.79	41.06	206.82	589.94	0.728 5	0.297 3
2003	26.15	833.64	128.65	418.25	286.74	40.394	228.64	570.25	0.830 9	0.317 8
2004	24.72	1 045.52	157.64	551.4	336.48	40.301	239.23	563.06	1.025 4	0.364 8
2005	22.68	1 233.61	176.88	670.73	386.00	39.528	210.37	595.41	1.073 9	0.412 8
2006	24.06	1 425.75	187.06	781.26	457.44	40.317	215.75	596.08	1.199 6	0.459 0
2007	25.71	1 736.01	213.53	960.13	562.35	40.026	209.74	608.53	1.389 4	0.527 1
2008	26.20	2 212.16	256.81	1 183.49	681.86	40.269	256.12	566.63	1.561 7	0.596 5
2009	26.08	2 279.19	270.41	1 264.81	743.97	39.998	252.53	578.78	1.697 8	0.647 0
2010	26.00	2 542.81	320.41	1 356.47	865.93	40.321	266.14	576.89	1.699 2	0.745 0

由表 5-18 依据式(5-4)建立用水量预测模型为

$$W_t = N_t X_1^{a1} X_2^{a2} X_3^{a3} X_4^{a4} X_5^{a5} X_6^{a6} X_7^{a7} X_8^{a8} X_9^{a9} \tag{5-13}$$

式中:W_t 为年地区用水量,亿 m³;N_t 为地区自然条件水平;X_1 为年地区 DGP,亿元;X_2 为年地区第一产业增加值,亿元;X_3 为年地区第二产业增加值,亿元;X_4 为年地区第三产业增加值,亿元;X_5 为年地区灌溉面积,万 hm²;X_6 为年地区非农业人口,万人;X_7 为年地区农业人口,万人;X_8 为年地区城镇居民人均可支配收入,万元/人;X_9 为年地区农村居民人均纯收入,万元/人。

依据表 5-18 的数据利用统计分析软件,得到该地区需水量预测模型为

$$W_t = 2 \times 10^{111} X_2^{-2.754} X_3^{-2.382} X_4^{-0.657} X_5^{-0.001} X_6^{-9.004} X_7^{-25.694} X_8^{1.184} X_9^{8.061} \tag{5-14}$$

对式(5-14)进行检验如下:回归方程式(5-12)相关系数 $r = 0.992 > r_{0.01} = 0.765$,$F$ 检验:$F = 29.59 > F_{0.05}(8,2) = 1.37$,可见回归方程极显著。

5.7.5.2　预测模型分析

1. 相对误差

由表 5-19 及式(5-14)绘制该地区用水量实际值与计算值年关系系列,如图 5-1 所示,

计算值与实际值的相对误差见表 5-20。由图 5-1 看到,按照式(5-14)计算的各年用水量与实际年用水量比较接近。从表 5-20 可以看出,式(5-14)计算的各年用水量相对误差为 -1.93% ~2.62%,相对误差大于 ±2% 的仅有 1 个,说明用式(5-14)计算的年用水量误差较小,具有较高的精度。

表 5-19　计算值与实际值比较

年份	用水量(亿 m³)		计算与实际值相对误差(%)
	实际值	计算值	
2001	31.68	31.309	-1.18
2002	28.21	28.284	0.26
2003	26.15	25.788	-1.38
2004	24.72	24.692	-0.12
2005	22.68	22.327	-1.55
2006	24.06	24.687	2.62
2007	25.71	25.214	-1.93
2008	26.20	26.153	-0.18
2009	26.08	25.592	-1.87
2010	26.00	25.996	-0.02

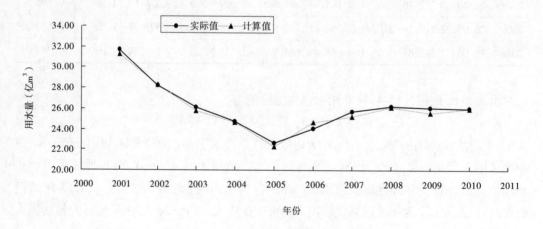

图 5-1　实际值与计算值比较

2. 均方根误差

均方根误差是用来衡量观测值(计算值)同真值(实际值)之间的偏差,用下式计算:

$$RMSE = \left[\frac{1}{n} \sum_{j=1}^{n} (y_0(j) - y_c(j))^2 \right]^{1/2} \tag{5-15}$$

式中:$RMSE$ 为均方根误差;$y_0(j)$ 为实测值;$y_c(j)$ 为计算值。

由表 5-19 利用式(5-15)得到本例的均方根误差 0.36。

3.计算结果分析

由式(5-14),$\sum_{i=2}^{9} a_i = -31.247 < 0$,说明该地区需水量为规模递减型。需水量弹性系数 $a_{2\sim7} < 0$,说明第一、二、三产业增加值,灌溉面积,非农业人口和农业人口这6个因素规模的增加不会引起需水量增加。其主要原因是大力推行节水措施与技术,工业、农业、生活等用水定额相应减少;$a_{8\sim9} > 0$,说明随着城镇居民人均可支配收入和农村居民人均纯收入的增加,居民水费的支付能力提高,生活用水量相应增加。

为验证模型的正确性,下面以文献[39]需水量预测实例,将本模型与支持向量机(SVM)、人工神经网络(BP)模型进行比较,结果见表5-20、图5-2。

表 5-20　C - D 法与 SVM、BP 法预测结果对比

年份	实际值	SVM 法		BP 法		C - D 法	
		计算值（亿 m³）	相对误差（%）	计算值（亿 m³）	相对误差（%）	计算值（亿 m³）	相对误差（%）
1981	4.187	4.468	6.711	4.355	4.012	4.176	-0.289
1982	4.236	3.988	-5.850	4.045	-4.513	4.115	-2.902
1983	4.165	4.399	5.615	4.458	7.083	4.220	1.293
1984	4.271	4.053	5.441	3.884	-9.055	4.298	0.586
1985	4.083	4.313	5.628	3.766	-7.759	4.083	-0.043
1986	4.356	4.084	-6.247	4.770	9.500	4.235	-2.802
1987	4.249	4.519	6.366	4.666	9.808	4.481	5.430
1988	4.568	4.328	-5.248	4.366	-4.431	4.566	-0.084
1989	4.765	4.998	4.892	4.496	-5.635	4.624	-2.990
1990	4.684	4.432	-5.387	4.966	6.031	4.793	2.287
1991	4.936	5.232	5.995	4.528	-8.275	4.902	-0.726
1992	4.797	4.526	-5.649	4.423	-7.798	4.724	-1.558
1993	4.958	4.764	-3.916	4.671	-5.789	4.871	-1.791
1994	5.166	4.931	-4.556	5.612	8.636	5.160	-0.160
1995	5.324	5.600	5.190	4.980	-6.456	5.372	0.873
1996	5.368	5.709	6.359	4.967	-7.477	5.348	-0.413
1997	5.183	5.555	7.183	4.669	-9.925	5.634	8.659
1998	5.631	5.945	5.570	5.997	6.507	5.718	1.510
1999	6.039	5.663	-6.224	5.457	-9.634	5.857	-3.043
2000	6.518	6.147	-5.696	6.098	-6.450	6.165	-5.450
RMSE		0.28		0.37		0.16	

由图 5-2 看到,C-D 模型各年的预测值与实际值接近程度比 SVM 法、BP 法高。从表 5-20 可以看出,C-D 模型预测的相对误差为 -5.450% ~8.659%,相对误差大于 ±5% 的有 3 个;而 SVM 模型预测的相对误差为 -6.247% ~7.183%,相对误差大于 ±5% 的有 17 个;BP 模型预测的相对误差为 -9.634% ~9.808%,相对误差大于 ±5% 的有 17 个;从均方根误差看,SVM、BP 和 C-D 的 RMSE 依次为 0.28、0.37、0.16,以 C-D 模型为最小。因此,与 SVM、BP 模型相比,C-D 模型提高了需水量预测的精度,说明 C-D 模型能较好地应用到需水量预测中。

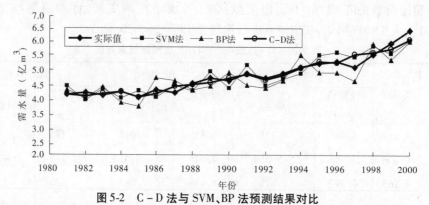

图 5-2　C-D 法与 SVM、BP 法预测结果对比

本研究提出的基于 C-D 生产函数的地区需水量预测模型具有以下优点:

(1)预测模型简单实用,且建立模型容易,预测精度高。模型建立采用的回归分析有专用计算机分析软件,如 SPSS、EVIEWS 等,而 SVM、BP、小波理论等方法计算复杂。

(2)利用预测模型不仅能预测地区需水量,而且能分析需水量影响因素对地区需水量增长的影响程度及贡献率,这为加强地区用水管理提供了科学依据。

(3)地区需水量影响因素较多,通过对 C-D 预测模型的回归分析,可以剔除影响程度小的因素。

第 6 章　流域水资源供需平衡分析

6.1　流域可供水量

南四湖流域可供水量包括区域供水量(地表水、地下水)、非常规水(雨水、矿坑水和污水等)以及外流域调水。外流域调水包括引用黄河水和调用长江水(南水北调工程),引调水量按照山东省用水总量控制指标确定。

6.1.1　流域现状可供水量

南四湖流域现状可供水量包括流域地表水及地下水供水量、非常规水(雨水、矿坑水和污水等)、引用黄河水量(简称"引黄"),引黄水量按照山东省引黄分配指标确定。流域及各分区可供水量见表 6-1。

6.1.2　考虑南水北调工程的流域可供水量

根据南水北调工程水量分配方案,南水北调工程实施后,2020 年南四湖流域南水北调分配水量(简称引江)21 000 万 m^3,其中枣庄市 9 000 万 m^3(薛城区 1 000 万 m^3、市中区 1 000 万 m^3、滕州市 7 000 万 m^3),菏泽市(巨野县)7 500 万 m^3,济宁市 4 500 万 m^3(高新区 800 万 m^3、邹城市 2 000 万 m^3、兖州市 600 万 m^3、曲阜市 1 100 万 m^3)。考虑南水北调分配水量的流域及各分区可供水量(现状 + 引江)见表 6-1。

6.2　流域供需平衡分析

6.2.1　一次供需平衡分析

在充分利用地表水,合理开采地下水,科学利用非常规水,多种水源统一调配的前提下,在区域水资源可利用量条件下,对全流域规划水平年进行供需平衡分析。

2020 年按现状水资源可供水用量和 2020 年需水量预测基准方案进行"一次供需平衡"分析,分别对考虑南水北调和不考虑南水北调的两种情况进行分析,见表 6-2 ~ 表 6-4、图 6-1 ~ 图 6-4。

表 6-1　流域水资源可供水量

（单位：万 m³）

水资源分区		保证率	区域供水量		外流域调水			非常规水				总计	
			地表水	地下水	引黄	引江	小计	集雨	矿坑水	污水	合计	现状	现状+引江
湖东	济宁	50%	38 494.1	75 874.2	6 000	4 500	10 500	0	742	796	1 538	121 906.3	126 406.3
		75%	24 518.7	75 874.2	6 000	4 500	10 500	0	742	796	1 538	107 930.9	112 430.9
	泰安	50%	3 339.3	13 378.3	3 279	0	6 456	0	0	660	660	23 833.5	23 833.5
		75%	2 024.2	13 378.3	2 410	0	6 456	0	0	660	660	22 518.4	22 518.4
	枣庄	50%	42 544.1	28 988.7	0	9 000	9 000	80	0	1 634	1 714	73 246.9	82 246.86
		75%	30 220.5	28 988.7	0	9 000	9 000	80	0	1 634	1 714	60 923.2	69 923.23
	湖东合计	50%	84 377.5	118 241.2	9 279	13 500	22 779	80	742	3 090	3 912	218 986.7	229 309.70
		75%	56 763.4	118 241.2	8 410	13 500	21 910	80	742	3 090	3 912	191 372.6	200 826.55
湖西	济宁	50%	17 045.9	47 453.1	34 000	0	34 000	0	0	0	0	98 498.9	98 498.9
		75%	12 072.1	47 453.1	34 000	0	34 000	0	0	0	0	93 525.1	93 525.1
	菏泽	50%	26 346.8	134 836.0	93 100	7 500	100 600	0	0	4 245	4 245	258 527.8	266 027.8
		75%	21 140.3	134 836.0	93 100	7 500	100 600	0	0	4 245	4 245	253 321.3	260 821.3
	湖西合计	50%	43 392.60	182 289.06	127 100	7 500	134 600	0	0	4 245	4 245.0	364 526.66	43 392.60
		75%	33 212.42	182 289.06	127 100	7 500	134 600	0	0	4 245	4 245.0	354 346.48	33 212.42
流域合计		50%	127 770.13	300 530.23	136 379	21 000	157 379	80	742	7 335	8 157.0	593 836.36	127 770.13
		75%	89 975.79	300 530.23	135 510	21 000	156 510	80	742	7 335	8 157.0	555 173.03	89 975.79

续表 6-1

水资源分区		区域供水量			外流域调水			非常规水				总计		
	保证率	地表水	地下水	引黄	引江	小计	集雨	矿坑水	污水	合计	现状	现状 + 引江
行政分区	济宁	50%	55 540.0	123 327.3	40 000	4 500	44 500	0	742	796	1 538	220 405.2	224 905.2
		75%	36 590.8	123 327.3	40 000	4 500	44 500	0	742	796	1 538	201 456.1	205 956.1
	泰安	50%	3 339.3	13 378.3	3 279	0	6 456	0	0	660	660	23 833.5	23 833.5
		75%	2 024.2	13 378.3	2 410	0	6 456	0	0	660	660	22 518.4	22 518.4
	枣庄	50%	42 544.1	28 988.7	0	9 000	9 000	80	0	1 634	1 714	73 246.9	82 246.86
		75%	30 220.5	28 988.7	0	9 000	9 000	80	0	1 634	1 714	60 923.2	69 923.23
	菏泽	50%	26 346.8	134 836.0	93 100	7 500	100 600	0	0	4 245	4 245	258 527.8	266 027.8
		75%	21 140.3	134 836.0	93 100	7 500	100 600	0	0	4 245	4 245	253 321.3	260 821.3

表6-2　一次供需平衡分析(不考虑南水北调)

（单位：万 m³）

水资源分区		可供水量		需水量（基准方案）		余缺水量		缺水率（%）	
		P=50%	P=75%	P=50%	P=75%	P=50%	P=75%	P=50%	P=75%
湖东	济宁	121 906.31	107 930.92	162 719.30	177 305.80	-40 812.99	-69 374.88	-25.08	-39.13
	泰安	20 656.53	18 472.40	22 164.99	24 767.98	-1 508.46	-6 295.57	-6.81	-25.42
	枣庄	73 246.86	60 923.23	59 953.01	64 728.66	13 293.84	-3 805.43	22.17	-5.88
湖东		215 809.70	187 326.55	244 837.30	266 802.43	-29 027.60	-79 475.89	-11.86	-29.79
湖西	济宁	98 498.91	93 525.13	89 196.66	100 137.44	9 302.25	-6 612.30	10.43	-6.60
	菏泽	258 527.75	253 321.34	239 384.87	272 418.07	19 142.89	-19 096.73	8.00	-7.01
湖西		357 026.66	346 846.48	328 581.53	372 555.51	28 445.14	-25 709.03	8.66	-6.90
流域		572 836.36	534 173.03	573 418.83	639 357.94	-582.47	-105 184.92	-0.10	-16.45
行政分区	济宁	220 405.22	201 456.05	251 915.96	277 443.24	-31 510.74	-75 987.19	-12.51	-27.39
	枣庄	73 246.86	60 923.23	59 953.01	64 728.66	13 293.84	-3 805.43	22.17	-5.88
	菏泽	258 527.75	253 321.34	239 384.87	272 418.07	19 142.89	-19 096.73	8.00	-7.01
	泰安	20 656.53	18 472.40	22 164.99	24 767.98	-1 508.46	-6 295.57	-6.81	-25.42

表 6-3　一次供需平衡分析（考虑南水北调）

（单位：万 m³）

水资源分区		可供水量		需水量（基准方案）		余缺水量		缺水率	
		P=50%	P=75%	P=50%	P=75%	P=50%	P=75%	P=50%	P=75%
湖东	济宁	126 406.31	112 430.92	162 719.30	177 305.80	−36 312.99	−64 874.88	−22.32	−36.59
	泰安	20 656.53	18 472.40	22 164.99	24 767.98	−1 508.46	−6 295.57	−6.81	−25.42
	枣庄	82 246.86	69 923.23	59 953.01	64 728.66	22 293.84	5 194.57	37.19	8.03
湖东		229 309.70	200 826.55	244 837.30	266 802.44	−15 527.60	−65 975.89	−6.34	−24.73
湖西	济宁	98 498.91	93 525.13	89 196.66	100 137.44	9 302.25	−6 612.30	10.43	−6.60
	菏泽	266 027.75	260 821.34	239 384.87	272 418.07	26 642.89	−11 596.73	11.13	−4.26
湖西		364 526.66	354 346.48	328 581.53	372 555.51	35 945.14	−18 209.03	10.94	−4.89
流域		593 836.36	555 173.03	573 418.83	639 357.94	20 417.53	−84 184.92	3.56	−13.17
行政分区	济宁	224 905.22	205 956.05	251 915.96	277 443.24	−27 010.74	−71 487.19	−10.72	−25.77
	枣庄	82 246.86	69 923.23	59 953.01	64 728.66	22 293.84	5 194.57	37.19	8.03
	菏泽	266 027.75	260 821.34	237 457.44	239 384.87	28 570.31	21 436.48	12.03	8.95
	泰安	20 656.53	18 472.40	22 164.99	24 767.98	−1 508.46	−6 295.57	−6.81	−25.42

表6-4　一次供需平衡分析有无长江水缺水率比较　　　　　　（%）

分区		50%			75%		
		余缺水率		缺水率降低	余缺水率		缺水率降低
		有江水	无江水		有江水	无江水	
流域		3.56	−0.102	3.12	−16.331	−19.139	2.81
流域分区	湖东	−6.34	−11.86	5.51	−24.73	−29.79	5.06
	湖西	10.94	8.66	1.75	−11.67	−13.23	1.56
行政分区	济宁	−10.72	−12.51	1.79	−25.77	−27.39	1.62
	枣庄	37.19	22.17	15.01	8.03	−5.88	13.9
	菏泽	11.13	8.00	3.13	−4.26	−7.01	2.75
	泰安	−6.81	−6.81	0	−25.42	−25.42	0

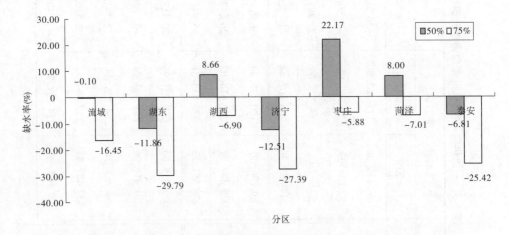

图6-1　南四湖流域 2020 年一次水资源供需平衡分析缺水率分布（不考虑南水北调）

6.2.1.1　现状供水（不考虑引江水）条件

由表6-2～表6-4、图6-1～图6-4看到,2020 年南四湖流域在现状供水条件下（考虑引黄水不考虑引江水分配指标）,从流域整体看,50% 保证率情况下缺水率为 0.10% ,75% 保证率情况下缺水率为 16.45% 。从水资源分区看,湖东区 50% 和 75% 保证率情况下缺水率分别为 11.86% 和 29.79% ;湖西区 50% 保证率情况下不缺水,75% 保证率情况下缺水,缺水率为 6.90% 。从流域行政分区看,50% 保证率情况下,菏泽及枣庄市现状供水满足需水要求,但济宁和泰安均缺水,50% 情况下缺水率分别为 12.51% 和 6.81% ,75% 情况下济宁、泰安、枣庄和菏泽缺水率分别为 27.39% 、25.42% 、5.88% 和 7.01% 。

上述分析说明,在不考虑引江水条件下,流域总体看 50% 、75% 保证率情况下均缺水;分区看,除 50% 保证率情况下,菏泽及枣庄市现状供水满足需水要求外,其他区域均缺水。

6.2.1.2　现状供水＋引江水条件

2020 年南四湖流域在现状供水考虑引江水条件下,从流域整体看,50% 保证率情况

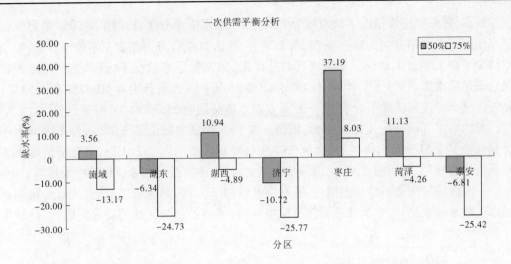

图 6-2　南四湖流域 2020 年一次水资源供需平衡分析缺水率分布（考虑南水北调）

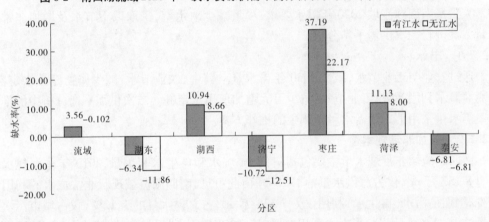

图 6-3　南四湖流域 2020 年一次水资源供需平衡分析有无长江水缺水率比较（P = 50%）

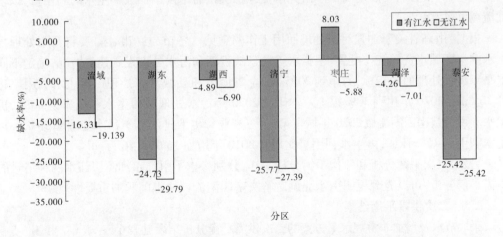

图 6-4　南四湖流域 2020 年一次水资源供需平衡分析有无长江水缺水率比较（P = 75%）

下不缺水,75%保证率情况下缺水率为13.17%。从水资源分区看,湖东区50%和75%保证率情况下缺水率分别为6.34%和24.73%;湖西区50%保证率情况下不缺水,75%保证率情况下缺水率为4.89%。从流域行政分区看,50%保证率情况下,菏泽及枣庄市现状供水满足需水要求,但济宁和泰安均缺水,50%情况下缺水率分别为10.72%和6.81%,75%情况下枣庄和菏泽不缺水,济宁和泰安缺水率分别为25.77%、25.42%。

考虑南水北调分配指标后,全流域缺水率75%保证率降低了3.28%;湖东区缺水率分别降低了5.51%和5.06%;湖西区75%保证率缺水率降低了2.01%,其他分区缺水率降低值见表6-4。说明引江水后,流域供水能力增加,水资源供需矛盾得到极大缓解。

一次供需平衡分析结果表明,在现有供水条件下,南四湖流域供水能力不足,特别是枯水年缺水较大,考虑南水北调引江分配指标后,缓解了部分区域的缺水问题,但是枯水年仍然有较大缺口。

6.2.2　二次供需平衡分析

为满足南四湖流域2020年需水要求,尽量减少缺水率,采取以下节水及增加非常规水量方案进行二次供需平衡分析。

6.2.2.1　节水

通过农业与工业节水,减少2020年需水量。其中,农业节水:减少作物净灌水定额,提高灌溉水利用系数;工业节水:减少万元增加值用水定额。二次供需平衡分析中的推荐方案需水量采用第5章需水量预测中的推荐方案。

6.2.2.2　增加非常规水量

南四湖流域非常规水量主要包括集雨、矿坑水和再生水利用量,2010年非常规水量只有8 157万 m^3,仅占总供水量的1.25%,由此可见,南四湖流域现状非常规水的利用量较少,特别是污水(再生水)利用仅为7 335万 m^3,占总供水量的1.12%,仅占城市污水排放量的16.27%。因此,再生水利用率低,特别是再生水利用与各城市"十二五规划"目标相差较远,有很大的发展空间。本研究水资源二次供需平衡中加大再生水的利用量,以增加流域可供水量。

根据《山东省关于加强污水处理回用工作的意见》,各市、县(市、区)要将污水处理再生水纳入区域水资源统一配置,根据水资源紧缺程度和污水处理设施建设情况,确定不同水平年污水处理回用指标,力争到2015年,全省城市和县城污水处理厂再生水利用率达到20%,到2020年达到30%以上。本研究2020年污水处理厂再生水利用率为40%,再生水利用量按南四湖流域2020年城市第二、三产业和生活排水量×污水处理率90%×再生水利用率40%计算,再生水利用量比现状2010年增加16 997.46万 m^3。

另外,二次平衡分析和一次平衡分析一样,分别考虑了引江水和不引江水两种情景的供需平衡分析,可以充分说明南水北调对解决南四湖流域缺水问题的重要性。

6.2.2.3　二次供需平衡结果

采取节水及增加非常规水量方案的二次供需平衡分析结果见表6-5~表6-7和图6-5~图6-8。

表 6-5　2020 年二次供需平衡分析(不考虑南水北调)

水资源分区		可供水量(万 m³)		非常规水增加值(万 m³)	需水量(推荐方案)(万 m³)		缺水量(万 m³)		缺水率(%)	
		$P=50\%$	$P=75\%$		$P=50\%$	$P=75\%$	$P=50\%$	$P=75\%$	$P=50\%$	$P=75\%$
湖东	济宁	121 906.31	107 930.92	8 527.43	143 191.09	157 134.07	-12 757.36	-40 675.73	-8.91	-25.89
	泰安	20 656.53	18 472.40	126.33	19 395.88	21 884.03	1 386.98	-3 285.30	7.15	-15.01
	枣庄	73 246.86	60 923.23	1 559.09	53 346.01	57 910.96	21 459.94	4 571.36	40.23	7.89
湖东区合计		215 809.70	187 326.55	10 212.84	215 932.98	236 929.06	10 089.56	-39 389.67	4.67	-16.63
湖西	济宁	98 498.91	93 525.13	1 790.54	78 144.35	88 602.44	22 145.11	6 713.24	28.34	7.58
	菏泽	258 527.75	253 321.34	1 970.04	211 035.01	242 610.88	49 462.77	12 680.51	23.44	5.23
湖西区合计		357 026.66	346 846.48	3 760.58	289 179.36	331 213.32	71 607.88	19 393.74	24.76	5.86
流域合计		572 836.36	534 173.03	13 973.42	505 112.34	568 142.38	81 697.45	-19 995.93	16.17	-3.52
行政分区	济宁	220 405.22	201 456.05	10 317.97	221 335.44	245 736.51	9 387.75	-33 962.49	4.24	-13.82
	枣庄	73 246.86	60 923.23	1 559.09	53 346.01	57 910.96	21 459.94	4 571.36	40.23	7.89
	菏泽	258 527.75	253 321.34	1 970.04	211 035.01	242 610.88	49 462.77	12 680.51	23.44	5.23
	泰安	20 656.53	18 472.40	126.33	19 395.88	21 884.03	1 386.98	-3 285.30	7.15	-15.01

表 6-6　2020 年二次供需平衡分析（考虑南水北调）

水资源分区		可供水量（万 m³）		非常规水增加值（万 m³）	需水量（推荐方案）（万 m³）		缺水量（万 m³）		缺水率（%）	
		P = 50%	P = 75%		P = 50%	P = 75%	P = 50%	P = 75%	P = 50%	P = 75%
湖东	济宁	126 406.31	112 430.92	8 527.43	143 191.09	157 134.07	-8 257.36	-36 175.73	-5.77	-23.02
	泰安	20 656.53	18 472.40	126.33	19 395.88	21 884.03	1 386.98	-3 285.3	7.15	-15.01
	枣庄	82 246.86	69 923.23	1 559.09	53 346.01	57 910.96	30 459.94	13 571.36	57.1	23.43
湖东合计		229 309.70	200 826.55	10 212.84	215 932.98	236 929.06	23 589.56	-25 889.67	10.92	-10.93
湖西	济宁	98 498.91	93 525.13	1 790.54	78 144.35	88 602.44	22 145.11	6 713.24	28.34	7.58
	菏泽	266 027.75	260 821.34	1 970.04	211 035.01	242 610.88	56 962.77	20 180.51	26.99	8.32
湖西合计		364 526.66	354 346.48	3 760.58	289 179.36	331 213.32	79 107.88	26 893.74	27.36	8.12
流域合计		593 836.36	555 173.03	13 973.42	505 112.34	568 142.38	102 697.45	1 004.07	20.33	0.18
行政分区	济宁	224 905.22	205 956.05	10 317.97	221 335.44	245 736.51	13 887.75	-29 462.49	6.27	-11.99
	枣庄	82 246.86	69 923.23	1 559.09	53 346.01	57 910.96	30 459.94	13 571.36	57.10	23.43
	菏泽	266 027.75	260 821.34	1 970.04	211 035.01	242 610.88	56 962.77	20 180.51	26.99	8.32
	泰安	20 656.53	18 472.40	126.33	19 395.88	21 884.03	1 386.98	-3 285.30	7.15	-15.01

表 6-7　二次供需平衡分析有无长江水缺水率比较

分区		50%			75%		
		余缺水率(%)		缺水率降低(%)	余缺水率(%)		缺水率降低(%)
		有江水	无江水		有江水	无江水	
流域		20.93	16.77	4.16	0.71	-2.99	3.70
流域分区	湖东	10.92	4.67	6.25	-10.93	-16.63	5.70
	湖西	28.40	25.81	2.59	9.03	6.77	2.26
行政分区	济宁	6.27	4.24	2.03	-11.99	-13.82	1.83
	枣庄	57.10	40.23	16.87	23.43	7.89	15.54
	菏泽	26.99	23.44	3.55	8.32	5.23	3.09
	泰安	7.15	7.15	0	-15.01	-15.01	0.00

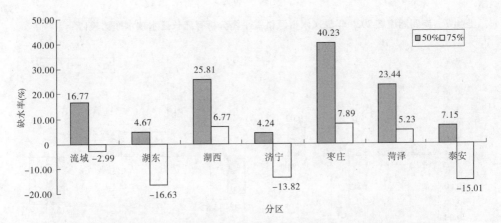

图 6-5　南四湖流域 2020 年水资源二次供需平衡分析缺水率(不考虑南水北调)

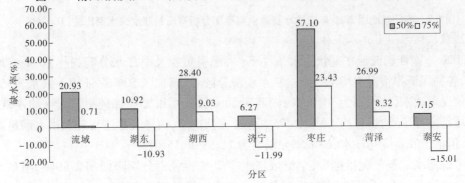

图 6-6　南四湖流域 2020 年水资源二次供需平衡分析缺水率比较(考虑南水北调)

1. 现状供水(不考虑引江水)条件

2020 年南四湖流域在现状供水条件下(考虑引黄水及不考虑引江水分配指标),从流域整体看,50% 保证率情况下不缺水,75% 保证率情况下缺水率为 2.99%。从水资源分区看,湖东区 50% 保证率不缺水,75% 保证率情况下缺水,缺水率为 16.63%;湖西区 50% 保证率和 75% 保证率情况均不缺水。从流域行政分区看,50% 保证率下,均不缺水。

75%保证率情况下,菏泽及枣庄市现状供水满足需水要求,但济宁和泰安缺水,缺水率分别为13.82%、15.01%。

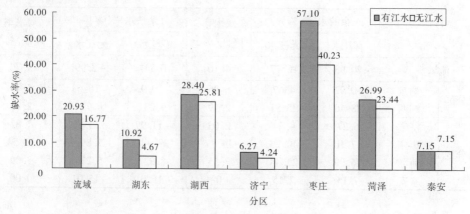

图6-7　南四湖流域2020年二次水资源供需平衡分析有无长江水缺水率比较($P=50\%$)

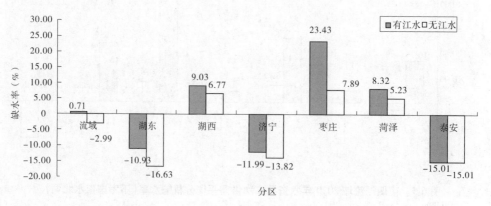

图6-8　南四湖流域2020年二次水资源供需平衡分析有无长江水缺水率比较($P=75\%$)

2. 现状供水 + 引江水条件

2020年南四湖流域在现状供水条件下(考虑引黄水及引江水分配指标),从流域整体看,各种保证率情况下均不缺水。从水资源分区看,湖东区50%保证率不缺水,75%保证率情况下缺水,缺水率为10.93%;湖西区50%保证率和75%保证率情况下均不缺水。从流域行政分区看,城市均不缺水。75%保证率情况下,菏泽及枣庄市现状供水满足需水要求,但济宁和泰安均缺水,缺水率分别为为11.99%、15.01%。

考虑南水北调分配指标后,全流域缺水率75%保证率分别降低到2.99%,湖东区缺水率分别降低了6.25%和5.70%,其他分区缺水率降低值见表6-7。

从上述分析可以看到,考虑引江水的二次供需平衡分析后,50%保证率情况下,从流域总体上看,现状供水满足需水要求,从分区看各城市供水均能满足要求;75%保证率情况下,从流域总体上看,现状供水仍不满足要求,分区看除枣庄市、菏泽市外其他地区均缺水,但与一次供需平衡分析相比缺水率大大降低,说明二次供需平衡分析采用的节水措施和增加再生水利用量对通过南四湖流域水资源调控能力是有效的。但由于干旱年份缺水仍然存在,因此必须采用其他措施以解决水资源紧缺问题。

第 7 章　流域水资源供需格局分析

7.1　现状用水结构

2010 年南四湖流域总用水量 542 364.59 万 m³，流域及各分区用水量、用水结构见表 7-1 和表 7-2。

表 7-1　现状(2010 年)南四湖流域分区分类用水量统计　　　　(单位:万 m³)

分区		分区用水量	生产用水量				生活用水量	生态用水量
			第一产业	第二产业	第三产业	小计		
流域		542 364.59	430 420.58	48 755.53	4 553.27	483 729.38	51 544.21	7 091.00
流域	湖东	219 302.49	155 153.98	32 459.03	2 694.27	190 307.28	25 859.21	3 136.00
	湖西	323 062.10	275 266.60	16 296.50	1 859.00	293 422.10	25 685.00	3 955.00
行政分区	济宁市	260 010.59	211 163.58	23 107.53	1 778.27	236 049.38	21 973.21	1 988.00
	枣庄市	46 426.00	25 261.00	10 647.00	1 102.00	37 010.00	8 068.00	1 348.00
	菏泽市	214 942.00	177 151.00	13 510.00	1 353.00	192 014.00	19 353.00	3 575.00
	泰安市	20 986.00	16 845.00	1 491.00	320.00	18 656.00	2 150.00	180.00

表 7-2　现状(2010 年)南四湖流域分区分类用水结构　　　　(%)

分区		分区用水比重	生产用水比重				生活用水比重	生态用水比重
			第一产业	第二产业	第三产业	小计		
流域		100.00	79.36	8.99	0.84	89.19	9.50	1.31
流域	湖东	40.43	70.75	14.80	1.23	86.78	11.79	1.43
	湖西	59.57	85.21	5.04	0.58	90.83	7.95	1.22
行政分区	济宁市	47.94	81.21	8.89	0.68	90.78	8.45	0.76
	枣庄市	8.56	54.41	22.93	2.37	79.72	17.38	2.90
	菏泽市	39.63	82.42	6.29	0.63	89.33	9.00	1.66
	泰安市	3.87	80.27	7.10	1.52	88.90	10.24	0.86

由表 7-2 看到,现状 2010 年南四湖流域生产用水占的比重最大,为 89.19%;其次为生活用水,占 9.50%;生态用水最小,占 1.31%。生产用水中,第一产业用水最大,占总用水量的 79.36%;其次为第二产业,占 8.99%;第三产业仅占 0.84%。这种规律在各分区

（流域分区、行政分区）中相同。从分区看,湖西区用水量占流域总用水量的 59.57% ,湖东为 40.43%。流域 5 个地级市中,济宁市用水量最大,占流域总用水量的 47.94% ;其次为菏泽市,占 39.63% ;枣庄市占 8.56% ;泰安市最少,占 3.87%。

7.2　供水结构分析

7.2.1　现状供水结构

7.2.1.1　现状供水结构分析

　　2010 年流域总供水量为 542 364.59 万 m³,流域及各分区供水量、供水结构见表 7-3、表 7-4。

表 7-3　现状(2010 年)南四湖流域分区、分类供水量　　　　　　(单位:万 m³)

分区		分区供水量	地表水	地下水	其他供水量		
					非常规水	黄河水	小计
流域		542 364.59	160 508.37	266 588.22	8 157.00	107 111.00	115 268.00
流域	湖东	219 302.49	95 011.30	120 379.19	3 912.00		3 912.00
	湖西	323 062.10	65 497.07	146 209.03	4 245.00	107 111.00	111 356.00
行政分区	济宁市	260 010.59	129 065.37	116 799.22	1 538.00	12 608.00	14 146.00
	枣庄市	46 426.00	13 899.00	30 813.00	1 714.00	0	1 714.00
	菏泽市	214 942.00	10 464.00	105 730.00	4 245.00	94 503.00	98 748.00
	泰安市	20 986.00	7 080.00	13 246.00	660.00	0	660.00

表 7-4　现状(2010 年)南四湖流域分区供水结构　　　　　　(%)

分区		分区供水量	地表水	地下水	其他供水			
					非常规水	黄河水	长江水	小计
流域		100.00	29.59	49.15	1.50	19.75	0	21.25
流域	湖东	40.43	43.32	54.89	1.78	0	0	1.78
	湖西	59.57	20.27	45.26	1.31	33.15	0	34.47
行政分区	济宁市	47.94	49.64	44.92	0.59	4.85	0	5.44
	枣庄市	8.56	29.94	66.37	3.69	0	0	3.69
	菏泽市	39.63	4.87	49.19	1.97	43.97	0	45.94
	泰安市	3.87	33.74	63.12	3.14	0	0	3.14

　　由表 7-4 看到,现状 2010 年南四湖流域地下水供水占的比重最大,为 49.15% ;其次为地表水,占 29.59% ;再次为引黄水,占 19.75% ;非常规水(雨水、矿坑水、污水)最小,占

1.50%。

从分区看,湖西区供水量占流域总供水量的 59.57%,湖东为 40.43%。流域 5 个地级市中,济宁市供水量最大,占流域总供水量的 47.94%,其次为菏泽市,占 39.63%,枣庄市占 8.56%,泰安市最少,占 3.87%。

7.2.1.2　现状工程供水能力分析

2010 年南四湖流域各类工程供水能力为 707 692 万 m³,流域及各分区工程供水量、供水结构见表 7-5、表 7-6。

表 7-5　现状(2010 年)南四湖流域工程供水能力　　　（单位:万 m³）

分区		分区供水量	年供水能力			
			蓄水工程	引水工程	取水工程	机电井
流域		707 692	75 311	136 738	112 509	383 134
流域	湖东	276 735	57 096	39 598	46 294	133 747
	湖西	430 957	18 215	97 140	66 215	249 387
行政分区	济宁市	282 541	30 882	29 382	87 144	135 134
	枣庄市	55 948	19 539	3 824	3 596	28 989
	菏泽市	324 427	18 215	84 532	21 650	200 030
	泰安市	44 776	6 675	19 000	120	18 981

表 7-6　现状(2010 年)南四湖流域工程供水能力结构　　　（%）

分区		分区供水能力	年供水能力			
			蓄水工程	引水工程	取水工程	机电井
流域		100.0	10.64	19.32	15.90	54.14
流域	湖东	39.10	20.63	14.31	16.73	48.33
	湖西	60.90	4.23	22.54	15.36	57.87
行政分区	济宁市	39.92	10.93	10.40	30.84	47.83
	枣庄市	7.91	34.92	6.83	6.43	51.82
	菏泽市	45.84	5.61	26.06	6.67	61.66
	泰安市	6.33	14.91	42.43	0.27	42.39

由表 7-6 看到,现状 2010 年南四湖流域机电井供水能力最大,占 54.14%;其次为引水工程,占 19.32%;再次为取水工程,占 15.90%;蓄水工程最小,占 10.64%。

从分区看,湖西区供水工程供水能力占流域总供水量的 60.90%,湖东区为 39.10%。流域 4 个地级市中,菏泽市供水工程供水能力最大,占 45.84%;其次为济宁市,占 39.92%;枣庄市占 7.91%;泰安市最少,占 6.33%。

7.2.2　基准方案供水结构

7.2.2.1　基准方案50%保证率供水结构

2020 年流域总供水量 593 836.36 万 m^3,流域及各分区供水量、供水结构见表7-7、表7-8。

表 7-7　2020 年 50% 保证率南四湖流域分区、分类供水量(基准方案)　　(单位:万 m^3)

分区		分区供水量	地表水	地下水	其他供水量			
					非常规水	黄河水	长江水	小计
流域		593 836.36	127 770.13	300 530.23	8 157.00	136 379.00	21 000.00	165 536.00
流域	湖东	229 309.70	84 377.53	118 241.17	3 912.00	9 279.00	13 500.00	26 691.00
	湖西	364 526.66	43 392.60	182 289.06	4 245.00	127 100.00	7 500.00	138 845.00
行政分区	济宁	224 905.22	55 539.96	123 327.26	1 538.00	40 000.00	4 500.00	46 038.00
	枣庄	82 246.86	42 544.14	28 988.72	1 714.00	0	9 000.00	10 714.00
	菏泽	266 027.75	26 346.75	134 836.00	4 245.00	93 100.00	7 500.00	104 845.00
	泰安	20 656.53	3 339.28	13 378.25	660.00	3 279.00	0	3 939.00

表 7-8　2020 年 50% 保证率南四湖流域分区供水结构(基准方案)　　(%)

分区		分区供水	地表水	地下水	其他供水			
					非常规水	黄河水	长江水	小计
流域		100.00	21.52	50.61	1.36	22.97	3.54	27.88
流域	湖东	38.61	36.80	51.56	1.71	4.05	5.89	11.64
	湖西	61.39	11.90	50.01	1.16	34.87	2.06	38.09
行政分区	济宁市	37.87	24.69	54.84	0.68	17.79	2.00	20.47
	枣庄市	13.85	51.73	35.25	2.08	0.00	10.94	13.03
	菏泽市	44.80	9.90	50.68	1.60	35.00	2.82	39.41
	泰安市	3.48	16.17	64.77	3.20	15.87	0.00	19.07

由表 7-8 看到,规划年 2020 年基准方案 50% 保证率情况下,南四湖流域地下水供水量最大,占 50.61%;其次为地表水,占 21.52%;黄河水占 22.97%;长江水占 3.54%;非常规水仅占 1.36%。从分区看,湖西区供水量占流域总供水量的 61.39%,湖东为 38.61%。流域 4 个地级市中,菏泽市供水量最大,占 44.80%;其次为济宁市,占 37.87%;枣庄市占 13.85%;泰安市最少,占 3.48%。

7.2.2.2　基准方案75%保证率供水结构

2020 年流域总供水量为 555 173.03 万 m^3,流域及各分区供水量、供水结构见表7-9、表7-10。

表 7-9　2020 年 75% 保证率南四湖流域分区、分类供水量（基准方案）　　（单位：万 m³）

分区		分区供水量	地表水	地下水	其他供水量			
					非常规水	黄河水	长江水	小计
流域		555 173.03	89 975.80	300 530.23	8 157.00	135 510.00	21 000.00	164 667.00
流域	湖东	200 826.55	56 763.38	118 241.17	3 912.00	8 410.00	13 500.00	25 822.00
	湖西	354 346.48	33 212.42	182 289.06	4 245.00	127 100.00	7 500.00	138 845.00
行政分区	济宁市	205 956.05	36 590.79	123 327.26	1 538.00	40 000.00	4 500.00	46 038.00
	枣庄市	69 923.23	30 220.51	28 988.72	1 714.00	0	9 000.00	10 714.00
	菏泽市	260 821.34	21 140.34	134 836.00	4 245.00	93 100.00	7 500.00	104 845.00
	泰安市	18 472.40	2 024.15	13 378.25	660.00	2 410.00	0	3 070.00

表 7-10　2020 年 75% 保证率南四湖流域分区供水结构（基准方案）　　（%）

分区		分区供水	地表水	地下水	其他供水			
					非常规水	黄河水	长江水	小计
流域		100.00	16.21	54.13	1.47	24.41	3.78	29.66
流域	湖东	36.17	28.26	58.88	1.95	4.19	6.72	12.86
	湖西	63.83	9.37	51.44	1.20	35.87	2.12	39.18
行政分区	济宁市	37.10	17.77	59.88	0.75	19.42	2.18	22.35
	枣庄市	12.59	43.22	41.46	2.45	0	12.87	15.32
	菏泽市	46.98	8.11	51.70	1.63	35.69	2.88	40.20
	泰安市	3.33	10.96	72.42	3.57	13.05	0	16.62

由表 7-10 看到，规划年 2020 年基准方案 75% 保证率情况下，南四湖流域地下水供水量最大，占 54.13%；其次为地表水，占 16.21%；黄河水占 24.41%；长江水占 3.78%；非常规水仅占 1.47%。从分区看，湖西区供水量占流域总供水量的 63.83%，湖东区为 36.17%。流域 4 个地级市中，菏泽市供水量最大，占 46.98%；其次为济宁市，占 37.10%；枣庄市占 12.59%；泰安市最少，占 3.33%。

7.2.3　推荐方案供水结构

7.2.3.1　推荐方案 50% 保证率供水结构

2020 年流域总供水量为 607 809.79 万 m³，流域及各分区供水量、供水结构见表 7-11、表 7-12。

表 7-11　2020 年 50% 保证率南四湖流域分区、分类供水量(推荐方案)　(单位:万 m³)

分区		分区供水量	地表水	地下水	其他供水量			
					非常规水	黄河水	长江水	小计
流域		607 809.79	127 770.13	300 530.23	22 130.42	136 379.00	21 000.00	179 509.42
流域	湖东	239 522.54	84 377.53	118 241.17	14 124.84	9 279.00	13 500.00	36 903.84
	湖西	368 287.24	43 392.60	182 289.06	8 005.58	127 100.00	7 500.00	142 605.58
行政分区	济宁市	235 223.19	55 539.96	123 327.26	11 855.97	40 000	4 500.00	56 355.97
	枣庄市	83 805.95	42 544.14	28 988.72	3 273.09	0	9 000.00	12 273.09
	菏泽市	267 997.79	26 346.75	134 836.00	6 215.04	93 100.00	7 500.00	106 815.04
	泰安市	20 782.86	3 339.28	13 378.25	786.33	3 279.00	0	4 065.33

表 7-12　2020 年 50% 保证率南四湖流域分区供水结构(推荐方案)　(%)

分区		分区供水	地表水	地下水	其他供水			
					非常规水	黄河水	长江水	小计
流域		100.00	21.02	49.44	3.65	22.44	3.46	29.53
流域	湖东	39.41	35.23	49.37	5.90	3.87	5.64	15.41
	湖西	60.59	11.78	49.50	2.17	34.51	2.04	38.72
行政分区	济宁市	38.70	23.61	52.43	5.04	17.01	1.91	23.96
	枣庄市	13.79	50.77	34.59	3.91	0.00	10.74	14.64
	菏泽市	44.09	9.83	50.31	2.32	34.74	2.80	39.86
	泰安市	3.42	16.07	64.37	3.78	15.78	0.00	19.56

由表 7-12 看到,规划年 2020 年推荐方案 50% 保证率情况下,南四湖流域地下水供水量最大,占 49.44%;其次为地表水,占 21.02%;黄河水占 22.44%;长江水占 3.46%;非常规水占 3.65%。从分区看,湖西区供水量占流域总供水量的 60.59%,湖东区为 39.41%。流域 4 个地级市中,菏泽市供水量最大,占 39.15%;其次为济宁市,占 38.70%;枣庄市占 13.79%;泰安市最少,占 3.42%。

7.2.3.2　推荐方案 75% 保证率供水结构

2020 年流域总供水量为 569 146.45 万 m³,流域及各分区供水量、供水结构见表 7-13、表 7-14。

表 7-13 2020 年 75% 保证率南四湖流域分区、分类供水量(推荐方案) (单位:万 m³)

分区		分区供水量	地表水	地下水	其他供水量			
					非常规水	黄河水	长江水	小计
流域		569 146.45	89 975.79	300 530.23	22 130.42	135 510.00	21 000.00	178 640.42
流域	湖东	211 039.39	56 763.38	118 241.17	14 124.84	8 410.00	13 500.00	36 034.84
	湖西	358 107.06	33 212.42	182 289.06	8 005.58	127 100.00	7 500.00	142 605.58
行政分区	济宁市	216 274.02	36 590.79	123 327.26	11 855.97	40 000.00	4 500.00	56 355.97
	枣庄市	71 482.32	30 220.51	28 988.72	3 273.09	0	9 000.00	12 273.09
	菏泽市	262 791.38	21 140.34	134 836.00	6 215.04	93 100.00	7 500.00	106 815.04
	泰安市	18 598.73	2 024.15	13 378.25	786.33	2 410.00	0	3 196.33

表 7-14 2020 年 75% 保证率南四湖流域分区供水结构(推荐方案) (%)

分区		分区供水	地表水	地下水	其他供水			
					非常规水	黄河水	长江水	小计
流域		100.00	15.81	52.80	3.89	23.81	3.69	31.39
流域	湖东	37.08	26.90	56.03	6.69	3.99	6.40	17.07
	湖西	62.92	9.27	50.90	2.24	35.49	2.09	39.82
行政分区	济宁市	38.00	16.92	57.02	5.48	18.50	2.08	26.06
	枣庄市	12.56	42.28	40.55	4.58	0.00	12.59	17.17
	菏泽市	46.17	8.04	51.31	2.37	35.43	2.85	40.65
	泰安市	3.27	10.88	71.93	4.23	12.96	0.00	17.19

由表 7-14 看到,规划年 2020 年推荐方案 75% 保证率情况下,南四湖流域地下水供水量最大,占 52.80%;其次为地表水,占 15.81%;黄河水占 23.81%;长江水占 3.69%;非常规水占 3.89%。从分区看,湖西区供水量占流域总供水量的 62.92%,湖东区为 37.08%。流域 4 个地级市中,菏泽市供水量最大,占 46.17%;其次为济宁市,占 38.00%;枣庄市占 12.56%;泰安市最少,占 3.27%。

7.2.4 供水结构比较

7.2.4.1 50% 供水保证率

流域 50% 供水保证率条件下各供水方案各类供水结构比例见图 7-1。

由图 7-1 中可以看出,现状年供水结构中,南四湖流域地表水、地下水、非常规用水和黄河水分别占总供水的 29.59%、49.15%、1.51% 和 19.75%。随着水资源的短缺,现状供水格局已经不能满足经济生活的用水需求。到 2020 年,南四湖流域供水结构加大了非常规用水、黄河水和长江水的用水量,基准方案地表水、地下水、非常规用水、黄河水和长

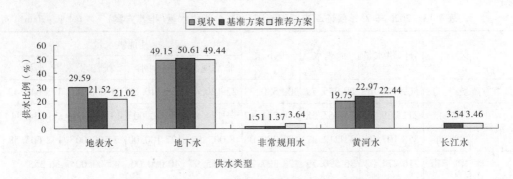

图 7-1　50% 保证率流域各供水方案各类供水比例比较

江水分别占流域总供水量的 21.52%、50.61%、1.37%、22.97% 和 3.54%;推荐方案地表水、地下水、非常规用水、黄河水和长江水分别占流域总供水量的 21.02%、49.44%、3.64%、22.44% 和 3.46%。

7.2.4.2　75% 供水保证率

流域 75% 供水保证率条件下各供水方案各类供水结构比例见图 7-2。

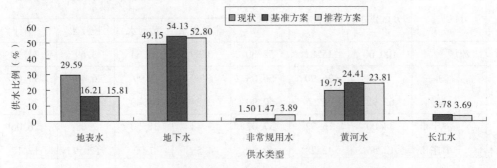

图 7-2　75% 保证率流域各供水方案各类供水比例比较

由图 7-2 可以看出,75% 保证率供水结构中,南四湖流域地表水、地下水、非常规用水和黄河水分别占总供水的 29.59%、49.15%、1.50% 和 19.75%。到 2020 年,南四湖流域供水结构加大了非常规用水、黄河水和长江水的用水量,基准方案地表水、地下水、非常规用水、黄河水和长江水分别占流域总供水量的 16.21%、54.13%、1.47%、24.41% 和 3.78%;推荐方案地表水、地下水、非常规用水、黄河水和长江水分别占流域总供水量的 15.81%、52.80%、3.89%、23.81% 和 3.69%。

7.3　需水结构分析

7.3.1　基准方案

7.3.1.1　基准方案 50% 保证率需水结构

2020 年流域总需水量为 573 418.83 万 m³,流域及各分区需水量、需水结构见表 7-15、表 7-16。

表 7-15　2020 年流域总需水量(基准方案 50% 保证率)　　　　(单位:万 m³)

分区		分区需水量	生产需水量				生活需水量	生态需水量
			第一产业	第二产业	第三产业	小计		
流域		573 418.83	409 771.53	76 801.70	9 701.32	496 274.55	69 344.18	7 800.10
流域	湖东	244 837.30	151 940.00	51 276.97	5 740.49	208 957.46	32 430.24	3 449.60
	湖西	328 581.53	257 831.53	25 524.73	3 960.84	287 317.09	36 913.94	4 350.50
行政分区	济宁市	251 915.96	177 489.81	38 787.50	3 788.83	220 066.14	29 663.02	2 186.80
	枣庄市	59 953.01	32 523.52	14 488.35	2 347.95	49 359.82	9 110.39	1 482.80
	菏泽市	239 384.87	183 937.62	20 814.50	2 882.74	207 634.86	27 817.51	3 932.50
	泰安市	22 164.99	15 820.58	2 711.34	681.80	19 213.72	2 753.27	198.00

表 7-16　2020 年流域需水结构(基准方案 50% 保证率)　　　　　　(%)

分区		分区需水比重	生产需水量比重				生活需水量比重	生态需水量比重
			第一产业	第二产业	第三产业	小计		
流域		100.00	71.46	13.39	1.69	86.55	12.09	1.36
流域	湖东	42.70	62.06	20.94	2.34	85.35	13.25	1.41
	湖西	57.30	78.47	7.77	1.21	87.44	11.23	1.32
行政分区	济宁市	43.93	70.46	15.40	1.50	87.36	11.77	0.87
	枣庄市	10.46	54.25	24.17	3.92	82.33	15.20	2.47
	菏泽市	41.75	76.84	8.69	1.20	86.74	11.62	1.64
	泰安市	3.87	71.38	12.23	3.08	86.69	12.42	0.89

由表 7-16 看到,规划年 2020 年南四湖流域生产用水占的比重最大,为 86.55%;其次为生活用水,占 12.09%;生态用水最小,占 1.36%。生产用水中,第一产业用水量最大,占总用水量的 71.46%;其次为第二产业,占 13.39%;第三产业仅占 1.69%。这种规律在各分区(流域分区、行政分区)中相同。

从分区看,湖西区需水量占流域总需水量的 57.30%,湖东区为 42.70%。流域 4 个地级市中,济宁市需水量最大,占 43.93%;其次为菏泽市,占 41.75%;枣庄市占 10.46%;泰安市最少,占 3.87%。

7.3.1.2　基准方案 75% 保证率需水结构

2020 年流域总需水量 639 357.94 万 m³,流域及各分区需水量、需水结构见表 7-17、表 7-18。

表 7-17　2020 年流域总需水量(基准方案 75% 保证率)　　　（单位:万 m³）

分区		分区需水量	生产需水量				生活需水量	生态需水量
			第一产业	第二产业	第三产业	小计		
流域		639 357.94	475 710.64	76 801.70	9 701.33	562 213.66	69 344.18	7 800.10
流域	湖东	266 802.43	173 905.13	51 276.97	5 740.49	230 922.59	32 430.24	3 449.60
	湖西	372 555.51	301 805.51	25 524.73	3 960.84	331 291.07	36 913.94	4 350.50
行政分区	济宁市	277 443.24	203 017.09	38 787.50	3 788.83	245 593.42	29 663.02	2 186.80
	枣庄市	64 728.66	37 299.16	14 488.35	2 347.95	54 135.46	9 110.39	1 482.80
	菏泽市	272 418.07	216 970.83	20 814.50	2 882.74	240 668.07	27 817.51	3 932.50
	泰安市	24 767.98	18 423.57	2 711.34	681.80	21 816.71	2 753.27	198.00

表 7-18　2020 年流域需水结构(基准方案 75% 保证率)　　　　（%）

分区		分区需水比重	生产需水比重				生活需水比重	生态需水比重
			第一产业	第二产业	第三产业	小计		
流域		100.00	74.40	12.01	1.52	87.93	10.85	1.22
流域	湖东	41.73	65.18	19.22	2.15	86.55	12.16	1.29
	湖西	58.27	81.01	6.85	1.06	88.92	9.91	1.17
行政分区	济宁市	43.39	73.17	13.98	1.37	88.52	10.69	0.79
	枣庄市	10.12	57.62	22.38	3.63	83.63	14.07	2.29
	菏泽市	42.61	79.65	7.64	1.06	88.35	10.21	1.44
	泰安市	3.87	74.38	10.95	2.75	88.08	11.12	0.80

　　由表 7-18 看到,规划年 2020 年南四湖流域生产用水占的比重最大,为 87.93%;其次为生活用水,占 10.85%;生态用水最小,占 1.22%。生产用水中,第一产业用水最大,占总用水量的 74.40%;其次为第二产业,占 12.01%;第三产业仅占 1.52%。这种规律在各分区(流域分区、行政分区)中相同。

　　从分区看,湖西区需水量占流域总需水量的 58.27%,湖东区为 41.73%。流域 4 个地级市中,济宁市需水量最大,占 43.39%;其次为菏泽市,占 42.61%;枣庄市占 10.12%;泰安市最少,占 3.87%。

7.3.2　推荐方案

7.3.2.1　推荐方案 50% 保证率需水结构

　　2020 年流域总需水量为 505 112.34 万 m³,流域及各分区需水量、需水结构见表 7-19、表 7-20。

表 7-19　2020 年流域总需水量(推荐方案 50% 保证率)　　　(单位:万 m³)

分区		分区需水量	生产需水量				生活需水量	生态需水量
			第一产业	第二产业	第三产业	小计		
流域		505 112.34	353 848.25	69 121.53	8 731.19	431 700.97	65 611.27	7 800.10
流域	湖东	215 932.98	132 193.89	46 149.28	5 166.44	183 509.60	28 973.78	3 449.60
	湖西	289 179.30	221 654.36	22 972.25	3 564.75	248 191.37	36 637.49	4 350.50
行政分区	济宁市	221 335.44	154 369.32	34 908.75	3 409.95	192 688.02	26 460.62	2 186.80
	枣庄市	53 346.01	28 592.54	13 039.52	2 113.16	43 745.22	8 117.99	1 482.80
	菏泽市	211 035.01	157 183.35	18 733.05	2 594.46	178 510.87	28 591.65	3 932.50
	泰安市	19 395.88	13 703.04	2 440.21	613.62	16 756.87	2 441.02	198.00

表 7-20　2020 年流域需水结构(推荐方案 50% 保证率)　　　　　(%)

分区		分区需水比重	生产需水比重				生活需水比重	生态需水比重
			第一产业	第二产业	第三产业	小计		
流域		100.00	70.05	13.68	1.73	85.47	12.99	1.54
流域	湖东	42.75	61.22	21.37	2.39	84.98	13.42	1.60
	湖西	57.25	76.65	7.94	1.23	85.83	12.67	1.50
行政分区	济宁市	43.82	69.74	15.77	1.54	87.06	11.95	0.99
	枣庄市	10.56	53.60	24.44	3.96	82.00	15.22	2.78
	菏泽市	41.78	74.48	8.88	1.23	84.59	13.55	1.86
	泰安市	3.84	70.65	12.58	3.16	86.39	12.59	1.02

由表 7-20 看到,规划年 2020 年南四湖流域生产用水占的比重最大,为 85.47%;其次为生活用水,占 12.99%;生态用水最小,占 1.54%。生产用水中,第一产业用水量最大,占总用水量的 70.05%;其次为第二产业,占 13.68%;第三产业仅占 1.73%。这种规律在各分区(流域分区、行政分区)中相同。

从分区看,湖西区需水量占流域总需水量的 57.25%,湖东区为 42.75%。流域 4 个地级市中,济宁市需水量最大,占 43.82%;其次为菏泽市,占 41.78%;枣庄市占 10.56%;泰安市最少,占 3.84%。

7.3.2.2　推荐方案 75% 保证率需水结构

2020 年流域总需水量为 568 142.38 万 m³,流域及各分区需水量、需水结构见表 7-21、表 7-22。

表 7-21 2020 年流域总需水量(推荐方案 75% 保证率)　　　　(单位:万 m³)

分区		分区需水量	生产需水量				生活需水量	生态需水量
			第一产业	第二产业	第三产业	小计		
流域		568 142. 38	416 878. 28	69 121. 53	8 731. 19	494 731. 00	65 611. 27	7 800. 10
流域	湖东	236 929. 06	153 189. 97	46 149. 28	5 166. 44	204 505. 68	28 973. 78	3 449. 60
	湖西	331 213. 32	263 688. 32	22 972. 25	3 564. 75	290 225. 32	36 637. 49	4 350. 50
行政分区	济宁市	245 736. 51	178 770. 39	34 908. 75	3 409. 95	217 089. 09	26 460. 62	2 186. 80
	枣庄市	57 910. 96	33 157. 49	13 039. 52	2 113. 16	48 310. 17	8 117. 99	1 482. 80
	菏泽市	242 610. 88	188 759. 21	18 733. 05	2 594. 46	210 086. 73	28 591. 65	3 932. 50
	泰安市	21 884. 03	16 191. 19	2 440. 21	613. 62	19 245. 01	2 441. 02	198. 00

表 7-22 2020 年流域总需水量(推荐方案 75% 保证率)　　　　　　(%)

分区		分区需水比重	生产需水量比重				生活需水比重	生态需水比重
			第一产业	第二产业	第三产业	小计		
流域		100. 00	73. 38	12. 17	1. 54	87. 08	11. 55	1. 37
流域	湖东	41. 70	64. 66	19. 48	2. 18	86. 32	12. 23	1. 46
	湖西	58. 30	79. 61	6. 94	1. 08	87. 62	11. 06	1. 31
行政分区	济宁市	43. 25	72. 75	14. 21	1. 39	88. 34	10. 77	0. 89
	枣庄市	10. 19	57. 26	22. 52	3. 65	83. 42	14. 02	2. 56
	菏泽市	42. 70	77. 80	7. 72	1. 07	86. 59	11. 78	1. 62
	泰安市	3. 85	73. 99	11. 15	2. 80	87. 94	11. 15	0. 90

由表 7-22 看到,规划年 2020 年南四湖流域生产用水占的比重最大,为 87.08%;其次为生活用水,占 11.55%;生态用水最小,占 1.37%;生产用水中,第一产业用水量最大,占总用水量的 73.38%;其次为第二产业,占 12.17%;第三产业仅占 1.54%。这种规律在各分区(流域分区、行政分区)中相同。

从分区看,湖西区需水量占流域总需水量的 58.30%;湖东区为 41.70%。流域 4 个地级市中,济宁市需水量最大,占 43.25%;其次为菏泽市,占 42.70%;枣庄市占 10.19%;泰安市最少,占 3.85%。

7.3.3　需水结构比较

7.3.3.1　50% 供水保证率

流域 50% 供水保证率条件下各需水方案各类需水结构比较、需水量分别见图 7-3、图 7-4。

由图 7-3 可知,现状年需水结构中,南四湖流域第一产业、第二产业、第三产业、生活

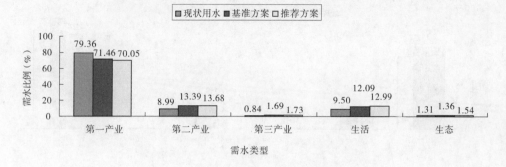

图 7-3　50% 保证率流域各需水方案用水结构比较

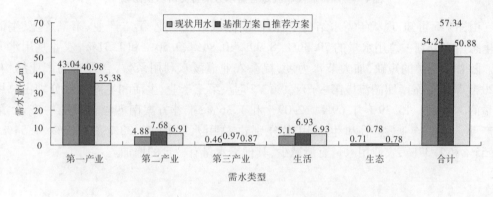

图 7-4　50% 保证率流域各需水方案用水量比较

和生态用水分别占总用水量的 79.36%、8.99%、0.84%、9.50% 和 1.31%,农业是用水大户。随着水资源的短缺,通过加大节水力度,提高农业灌溉水利用系数,合理布局产业结构,2020 年基准方案南四湖流域第一产业、第二产业、第三产业、生活和生态用水分别占总用水量的 71.46%、13.39%、1.69%、12.09% 和 1.36%;推荐方案南四湖流域第一产业、第二产业、第三产业、生活和生态用水分别占总用水量的 70.05%、13.68%、1.73%、12.99% 和 1.54%,农业用水量有所减少,其他需水量有一定的增加。

7.3.3.2　75% 供水保证率

流域 75% 供水保证率条件下各需水方案各类需水结构比较、需水量分别见图 7-5、图 7-6。

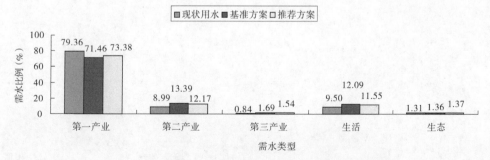

图 7-5　75% 保证率流域各需水方案各类需水结构比较

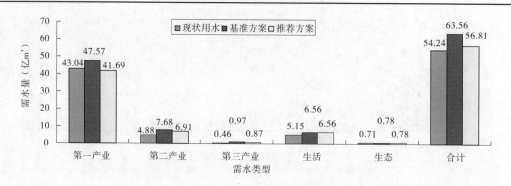

图 7-6　75% 保证率流域各需水方案各类需水量比较

由图 7-5 可知,现状年需水结构中,南四湖流域第一产业、第二产业、第三产业、生活和生态用水分别占总用水量的 79.36%、8.99%、0.84%、9.50% 和 1.31%,农业是用水大户。随着水资源的短缺,加大节水力度,提高农业灌溉水利用系数,合理布局产业结构,2020 年基准方案南四湖流域第一产业、第二产业、第三产业、生活和生态用水分别占总用水量的 71.46%、13.39%、1.69%、12.09% 和 1.36%;推荐方案南四湖流域第一产业、第二产业、第三产业、生活和生态用水分别占总用水量的 73.38%、12.17%、1.54%、11.55% 和 1.37%,农业用水量有所减少,其他需水量有一定的增加。

第 8 章　流域水资源调控能力提高的途径

　　由前面 2020 年水资源供需平衡分析可以看出,南四湖流域现状供水条件下,无论是在平水年份(保证率 50%),还是在干旱年份(保证率 75%)水资源供水能力均不能满足流域用水的需要,在干旱年份尤为突出。因此,必须采取措施,寻找技术可行、经济合理的途径,提高流域水资源的调控能力。

8.1　水资源开发利用基本思路

8.1.1　水资源利用现状

8.1.1.1　水资源可利用量

　　南四湖流域多年平均水资源可利用量分布见图 8-1、图 8-2。从图 8-1 看到,湖西区水资源可利用量占 54.05%,大于湖东区的 45.95%。从行政区看,济宁市最大,占 41.04%;其次为菏泽市,占 38.54%;枣庄市占 16.75%;泰安市最小,占 3.67%。

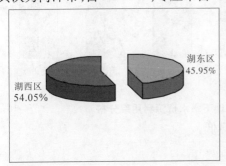 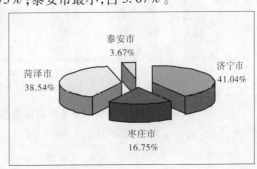

图 8-1　南四湖流域多年平均水资源可利用量分布

　　从图 8-2 看到,南四湖流域主要为地下水资源,占总量的 69.02%,特别是湖西区,地下水资源占到 79.95%。而湖东区地表水与地下水资源相差不大。从行政区看,菏泽市地下水资源占到 83.25%,济宁市占 66.15%,枣庄市占 46.58%,泰安市占 76.81%。

8.1.1.2　水资源开发利用率

　　图 8-3 为水资源开发利用现状分布图。从图中看到,南四湖流域地下水资源开发利用程度较高,无论是流域总体,还是各行政区,地下水开发率为 70%~90%。地表水利用率相对较低,为 40%~60%。

8.1.1.3　现状供水能力

　　图 8-4 为流域现状供水能力结构分布。从图中可以看出,流域总体及各行政区地下水供水能力所占比例均超过 40%,为最大供水水源,其他蓄水工程、引水工程、取水工程的供水能力各有差别。就流域总体和湖东区、湖西区来看,蓄水工程的供水能力均为

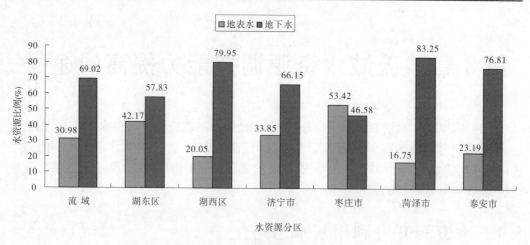

图 8-2　南四湖流域多年平均地表水与地下水水资源分布

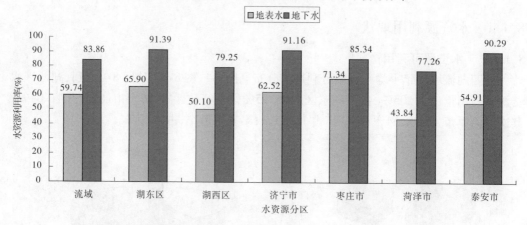

图 8-3　南四湖流域多年平均地表水与地下水水资源利用率分布

20.60% 左右,为第二;再次为引水工程,取水工程最低。

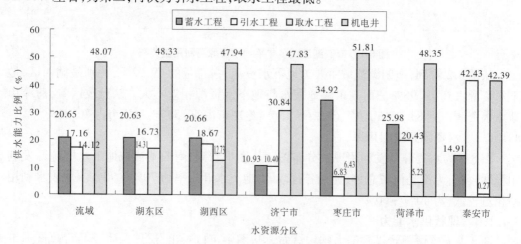

图 8-4　南四湖流域各区域各类供水能力分布

8.1.2　水资源开发利用基本思路

根据南四湖流域水资源利用现状,未来提高流域水资源调控能力的基本思路为:加快流域现代水网建设,提高流域供水保障能力;增加蓄水及河道拦蓄工程建设,提高雨洪水资源化利用能力;充分利用客水,提高流域水资源供给能力;大力开展节水工作,提高水资源利用效率;加强水资源管理工作,实现水资源优化配置。

8.2　加快流域水网建设

从 2003 年起,山东省在南水北调东线、胶东调水、沂沭泗洪水东调南下三大国家重点工程的带动下,开始启动现代化水网体系建设。

现代水网是在现有水利工程架构的基础上,以现代治水理念为指导,采用当代先进的水利工程技术,水利信息化、科学管理调度等手段,进行整合与提升,使之形成集防洪、供水、生态等多功能于一体的复合型水利工程网络体系。2010 年以来,中央、山东省省委先后出台一号文件和召开水利工作会议,对水网建设进行了全面安排部署。山东省提出依托南水北调、胶东调水 T 型骨干工程,连通"两湖六库、七纵九横、三区一带",形成跨流域调水大动脉、防洪调度大通道和水系生态大格局(简称 T30 工程)。

北京市和山东省是全国现代水网建设起步较早的省份,北京市 2011 年启动现代水网建设规划研究,山东省水利厅 2011 年下发《山东省现代水网建设规划思路(征求意见稿)》,为全省现代水网的规划与建设提供了规范性指导。在省里统一指导下,各地市、县(市、区)都已完成了以行政区划为区域的"现代水网规划",现代水网构建了防洪减灾水网,提高城乡防洪除涝保障能力;构建了城乡供水水网,提高城乡水保障能力;构建了水系生态水网,提升城乡生态安全保障能力。基本形成水资源合理配置和高效利用体系,防洪抗旱减灾体系,水资源保护和河湖健康保障体系,有利于水利科学发展的制度体系四大体系。现代水网形成了三大体系,即水利工程体系(主要包括防洪减灾工程体系、水资源配置工程体系、水系生态工程体系)、水利信息化体系和水利管理调度体系。

南四湖流域作为山东省现代水网的重要构成部分,虽然没有整个流域现代水网规划,但流域内各县区、地市都有现代水网规划,且经过专家论证。因此,应加快流域内各县市区现代水网的实施。

8.3　充分利用长江水资源

南四湖流域现状客水资源主要为黄河水及汶河水,黄河水分配本流域的水量为每年 13.31 亿 m^3 ,占流域水资源供水量的 20% 左右,对南四湖流域保障供水起到了较大的作用。

由前述水资源供需平衡分析看出,无论是基准方案,还是推荐方案,在不考虑长江水的情况下,南四湖流域 75% 保证率均出现缺水现象,而在有长江水的情况下,流域缺水程度得到了降低。因此,南四湖流域应充分利用长江水。

南水北调工程从本流域穿过,其中南四湖作为南水北调工程的最大调蓄水库,为本流域利用"长江水"创造了有利的条件。南水北调东线工程 2002 年 12 月 27 日开工,一期工程于 2013 年 10 月实现通水。一期工程分配给山东省的水量为 16.8 亿 m^3,其中分配给南四湖流域的水量为 2.1 亿 m^3。从前述水资源供需平衡分析看出,尽管南四湖流域引用长江水后,缺水程度得到降低,但因分配的水量较小,仅占流域供水量的 3.07%($P=$ 50%)、3.27%($P=75\%$)左右,因此在干旱年份($P=75\%$)流域仍然缺水 1.6 亿 m^3。为此,南四湖流域应在充分利用现有分配水量 2.1 亿 m^3 的基础上,积极争取南水北调工程二期、三期工程完成后扩大引水指标,作为干旱年份的备用水源。

8.4　雨洪水资源化利用

雨洪水资源化是指在防洪安全的前提条件下,尽量利用水库、拦河闸坝、自然洼地、人工湖泊、地下水库等蓄水工程拦蓄汛期雨洪水量,以及延长洪水在河道、蓄滞洪区等的滞留时间,恢复河流及湖泊、洼地的生态环境,以及最大可能地补充地下水。洪水资源化一般通过以下五个途径实现:一是在防洪安全的基础上,经过科学论证提高水库汛限水位或兴利水位,多蓄洪水;二是在洪水发生时,利用洪水前峰清洗河道污染物;三是建设雨洪水利用工程,引洪水回灌地下水;四是在不淹耕地、不淹村、不增加淹没损失的前提下,利用洼地存蓄洪水;五是利用流域河网的调蓄功能,使洪水在平原区滞留更长的时间。

南四湖流域目前地表水利用率为 40% ~ 60%,当地地表水尚有开发利用潜力。因此,研究南四湖流域雨洪水资源化问题,是提高流域水资源调控能力的重要途径之一,也是重要的工程措施。

雨洪水资源化利用包括以下几个方面。

8.4.1　提高南四湖上级湖的正常蓄水位

8.4.1.1　南四湖入湖水量情况

1. 入湖水量分析

根据入湖河道水文站布设情况,湖东、湖西地区分别采用 7 个水文站和 6 个水文站,资料系列均采用 1961 ~ 2008 年,共 48 年的实测流量系列,湖东区水文站控制汇水面积为 46% 左右,占湖东流域面积的 54% 左右;湖西区水文站控制汇水面积为 14 648 ~ 17 649 km^2,占湖西流域面积的 66.7% ~ 80.6%。可以看出,水文站基本上控制了南四湖流域汇水面积。各时段多年平均入湖水量详见表 8-1。

表 8-1　南四湖流域各时段多年平均入湖径流量统计

年份	湖东径流量			湖西径流量			入湖径流量		
	全年(亿 m^3)	汛期(亿 m^3)	汛期比例(%)	全年(亿 m^3)	汛期(亿 m^3)	汛期比例(%)	全年(亿 m^3)	汛期(亿 m^3)	汛期比例(%)
1961 ~ 2008	11.55	8.64	74.8	15.58	12.64	81.1	27.13	21.28	78.4
1978 ~ 2008	8.66	6.32	72.9	11.82	9.71	82.1	20.47	16.02	78.3

2. 入湖时间分析

湖东区、湖西区各月平均入湖流量趋势基本一致,其流量多集中在 6 ~ 9 月入湖,从绝对水量上看,多年平均情况下,汛期(6 ~ 9 月)入湖径流量达到全年入湖流量的 78.4%,可见汛期入湖径流量占到全年的近 4/5,南四湖入湖水量主要集中在汛期。

8.4.1.2　南四湖出湖水量情况

南四湖的出口由老运河、韩庄运河、伊家河、不牢河组成,均有水文测站控制,分别为韩庄(中)、韩庄闸、伊家河闸、蔺家坝闸水文站。根据上述南四湖出口控制水文站历年逐月流量资料,即可计算出各站历年出湖水量及汛期出湖水量,多年月平均出湖流量见表 8-2。

表 8-2　南四湖流域各时段多年平均出湖水量统计

年份	全年(亿 m³)	汛期(亿 m³)	汛期所占比例(%)
1961 ~ 2008	16.57	11.58	69.9
1978 ~ 2008	9.97	7.4	74.2
2000 ~ 2008	22.89	16.67	72.8

从表 8-2 中可以看出,多年平均情况下,汛期(6 ~ 9 月)出湖水量占全年出湖水量的 69.9%,近期(2000 ~ 2008 年)平均达到 72.8%。因此,南四湖出湖水量大多在汛期。

8.4.1.3　提高正常蓄水位的可行性

从上述分析可以看到,南四湖汛期大量的出湖水量,降低了水资源利用率,使得汛期大量的入湖洪水得不到有效利用。因此,在防洪安全的前提下,研究南四湖洪水资源化,达到丰为枯用,是提高流域水资源调控能力的重要途径之一。

1. 库容分析

南四湖库形狭长,上级湖现行兴利水位 33.99 m,相应兴利库容 9.30 亿 m³,上级湖平均水深 1.60 m,若上级湖兴利水位提高到 34.29 m,平均水深 1.90 m,拦蓄能力将增加约 1.8 亿 m³。另外,根据 1975 ~ 2005 年上级湖实测水位资料统计,南四湖多年各月平均水位及相应汛后剩余库容见表 8-3。

表 8-3　上级湖多年月平均水位及相应剩余库容统计

项目	9	10	11	12	1	2	3	4	5
水位(m)	34.05	34.09	34.09	34.06	34.06	34.06	33.97	33.79	33.54
库容(亿 m³)	8.40	8.66	8.67	8.47	8.46	8.44	7.92	6.82	5.32
剩余(亿 m³)	0.90	0.64	0.63	0.83	0.84	0.86	1.38	2.48	3.98

由表 8-3 看到,南四湖上级湖 9 月后的汛后剩余库容多年平均为 0.63 亿 ~ 3.98 亿 m³,而 9 月以后的入湖水量较少,导致上级湖蓄满困难。因此,若能提高上级湖正常蓄水位,科学调度,减少后汛期弃水量,将能增加蓄水量。

2. 上级湖弃水分析

根据二级坝闸 1975 ~ 2005 年历年实测逐日下泄流量资料,二级坝闸多年平均弃水量为 10. 2 亿 m³, 汛期(6~9月) 弃水 7. 36 亿 m³, 占全年弃水量的 77. 8%。50% 保证率时, 弃水量为 3. 93 亿 m³。统计可知, 历年二级坝闸弃水量中 60% 以上集中在汛期弃入下级湖, 年内变化大; 从年际上分析看, 从 1986~2002 年近 17 年中, 二级坝弃水量明显减小, 年际变化亦剧烈, 这与南四湖流域降水进入枯水期较一致。从 21 世纪初来看及山东省水文周期分析, 南四湖流域降水趋势逐渐由枯水期过渡到丰水期。从上级湖弃水量来看, 有水可蓄, 且多年平均弃水量可观。

　　3. 提高方案

　　根据 1975~2005 年南阳站及马口站历年逐日水位资料及二级坝闸历年逐日泄量资料, 利用水文兴利调节计算方法, 得到 3 个提高上级湖正常蓄水位方案兴利调算成果见表 8-4。

表 8-4　提高上级湖正常蓄水位兴利调算成果

方案	蓄水位(m)			年新增蓄水量(亿 m³)		
	现状	提高后	提高值	多年平均	50%	75%
方案一	33. 99	34. 29	0. 3	0. 20	—	—
方案二	33. 99	34. 59	0. 6	2. 32	0. 12	—
方案三	33. 99	34. 79	0. 8	5. 29	1. 95	—

　　由表 8-4 看到, 方案一: 上级湖正常蓄水位提高到 34. 29 m 后, 多年平均新增蓄水量 0. 20 亿 m³, 50% 及 75% 保证率下, 不能新增蓄水量; 方案二: 上级湖正常蓄水位提高到 34. 59 m 后, 多年平均新增蓄水量 2. 32 亿 m³, 50% 保证率下年新增蓄水量 0. 12 亿 m³, 75% 保证率下不能新增蓄水量; 方案三: 上级湖正常蓄水位提高到 34. 79 m 后, 多年平均新增蓄水量 5. 29 亿 m³, 50% 保证率下年新增蓄水量 1. 95 亿 m³, 75% 保证率下不能新增蓄水量。

8.4.2　建设地表水拦蓄工程

8.4.2.1　菏泽市

　　菏泽市为黄泛冲积平原, 除黄河外, 内河主要有东鱼河、洙赵新河、万福河、太行堤河、黄河故道 5 个水系, 东北部郓城新河下段出境后流入梁济运河。现有电厂水库、西城水库、浮岗水库、界牌水库、太行堤水库三库及开发区雷泽湖水库等平原水库, 近几年新建大野、文亭及赵楼水库。

　　菏泽市地表水资源相对较少, 主要为地下水资源。供用水总量主要以地下水和引黄客水为主, 生活及工业大部分采用地下水。地表水资源开发利用率仅为 43. 84%, 而地下水资源开发利用率接近 80%。因此, 通过建设地表水拦蓄工程, 拦蓄河道雨洪资源, 调蓄黄河水源, 是解决菏泽市水资源不足的重要工程措施。根据《菏泽市现代水网规划》(2012), 地表水拦蓄工程主要包括如下几项。

1. 河道蓄水工程

实施"五纵六横"骨干工程中的洙赵新河、郓巨河、鄄郓河、洙水河、东鱼河、东鱼河北支、东鱼河南支、胜利河、团结河等 9 条河道蓄水工程。使河道节节拦蓄,加大河道拦蓄雨洪资源和引黄客水的能力,提高水资源利用率,保障工农业生产及城乡生态用水需要。为实现"河库一体",水资源统一调配,将河道拦蓄工程与附近配套建设的小型蓄水工程相连。河道整治总长度 470.47 km,新建拦河闸坝 5 座,维修加固拦河闸 20 座,调蓄水量 33 488 万 m³。

2. 新建平原水库

根据菏泽市境内水系、现有水库及规划水库的布局,通过平原水库建设,以河道及黄河水作为水源,丰水期蓄水,充分利用雨洪资源。规划新建 10 座平原水库,新增兴利库容 7 373.46 万 m³,见表 8-5。

表 8-5　菏泽市平原水库规划一览

序号	水库名称	所在行政区	总库容 (万 m³)	兴利库容 (万 m³)	死库容 (万 m³)	水源
1	戴老家水库	曹县	1 285.00	1 152.00	133.00	黄河
2	刘楼水库	定陶县	1 127.00	1 005.00	122.00	黄河
3	九女水库	成武县	502.00	428.00	74.00	黄河
4	箕山河水库	鄄城县	653.50	559.00	94.00	黄河
5	城南水库	郓城县	916.00	793.00	123.00	黄河
6	月亮湾水库	单县	716.00	618.00	102.00	黄河
7	菜园集水库	东明县	924.82	754.94	169.88	黄河
8	麒麟湖	巨野县	925.07	674.02	251.05	长江
9	宝源湖	巨野县	537.00	480.50	57.20	黄河
10	洪源水库	东明县	988.00	909.00	88.90	黄河

8.4.2.2　济宁市

根据《山东省水中长期供求规划》、《济宁市现代水网建设规划》,济宁市 2020 年重点蓄水工程规划见表 8-6。规划到 2020 年,新建水库 10 座(其中地下水库 3 座),总兴利水量 14 532 万 m³,年供水量 15 499 万 m³,其中用于农业 11 200 万 m³、工业 1 200 万 m³、生活 3 099 万 m³。

表 8-6　济宁市重点蓄水工程规划

名称	位置	水源	库容(万 m³)		年供水量(万 m³)			
			总库容	兴利库容	总量	农业	工业	生活
太平水库	泗水县	石满河	3 000	2 000	1 500	1 500		
张庄水库	邹城市	北沙河	2 500	2 000	1 400	1 400		
高河平原水库	金乡县	引河	980	800	1 200	800	400	
张赵庄水库	嘉祥县	郓城新河	900	700	900			900
蓼儿洼水库	梁山县		674	532	1 724			1 724
金城水库	梁山县		480	400	475			475
石桥水库	任城区	截污导流	2 000	1 600	1 800	1 000	800	
兖州地下水库	兖州市	引泗、引洸	4 000	3 000	3 000	3 000		
济北地下水库	任城区、兖州市	引泗、引洸	3 000	2 000	2 000	2 000		
汶上地下水库	汶上县	引汶	2 000	1 500	1 500	1 500		
合计			19 534	14 532	15 499	11 200	1 200	3 099

另外,济宁市规划新建引湖提水泵站 200 处,年增加农业供水量 2.5 亿 m³,新增灌溉面积 20 万亩、改善灌溉面积 100 万亩;配套改造提水泵站 700 处,改善灌溉面积 100 万亩。

8.4.2.3　泰安市

根据泰安市和宁阳县现代水网规划,地表水拦蓄工程主要包括以下几项。

1. 新建中皋水库

该水库位于大汶河干流中皋岛,坝址位于宁阳、肥城、汶上三县(市)交界处。控制流域面积 7 004 km²,规划水库总库容 11 844 万 m³,防洪库容 6 100 万 m³,兴利库容 7 061 万 m³。设计洪水标准 50 年一遇,校核洪水标准 300 年一遇,属多年调节的大(2)型水库工程。中皋水库建成后,将引水至宁阳供灌溉用水,年增加灌溉供水能力 3 500 万 m³。

2. 月牙河、石集水库扩容

月牙河水库、石集水库原按中型水库规模设计,由于未按设计施工,1983 年水利工程"三查三定"核定为小型水库,为充分利用水资源和发挥工程效益,规划将水库扩挖为中型水库。规划扩建后的月牙河水库总库容 1 013 万 m³,兴利库容 543 万 m³;石集水库总库容 1 010 万 m³,兴利库容 450 万 m³,新增供水能力 993 万 m³。

8.4.3　大汶河有条件的为南四湖补充水资源

大汶河发源于山东省沂源县松崮山南麓,全长 209 km,流域面积 8 633 km²,流经淄博、莱芜、泰安 3 个地(市)。大汶河自东向西流入东平湖,经调蓄后注入黄河。

东平湖是 1958 年经国务院批准兴建的大型平原水库,为山东省第二大淡水湖,是我国东部地区典型的浅水型湖泊,位于大汶河下游东平县境西部。

1950 年,黄河防总指挥部在《关于防汛工作的决定》和《关于东平湖滞洪问题处理意见的报告》中,确定东平湖为黄河自然滞洪区,明确规定防洪标准、蓄洪任务、运用方式、以及各段堤防标准等。

1958 年,国务院批准将东平湖自然滞洪区改建为能控制运用的综合平原水库。1963 年,国务院批准将东平湖由原来的"综合利用"改为"以防洪为主"、"有洪蓄洪、无洪生产"的滞洪区,在库内加修二级湖堤,将滞洪区分为老湖区和新湖区,实行二级运用。当遇黄河特大洪水时保证分滞部分洪水,东平湖临黄河侧的围堤上建有 5 座进湖闸,有效分洪能力为 7 500 ~ 8 500 m^3/s,出湖闸 3 座,设计流量 3 500 m^3/s。

1976 年国务院批准的防御黄河特大洪水措施预案中,要求东平湖超标准运用时,相机梁济运河向南四湖泄洪 1 000 m^3/s,1989 年梁济运河开始按东平湖泄洪 1 000 m^3/s 进行防洪筑堤,1990 年年底完成。梁济运河也是南水北调东线工程的输水河道。

2008 年国务院批复的《黄河流域防洪规划》,确定东平湖为黄河下游重要蓄滞洪区。东平湖蓄滞洪区承担着分滞黄河洪水和调蓄汶河洪水的双重任务,控制艾山下泄流量不超过 10 000 m^3/s。小浪底水库建成后,东平湖蓄滞洪区的分洪运用概率接近 30 年一遇,仍是黄河下游重点建设的分滞洪区。《黄河流域防洪规划》确定东平湖蓄滞洪区围坝设计分洪水位 45.0 m,相应库容 33.5 亿 m^3,全湖区设计最大分洪流量 7 500 m^3/s,考虑老湖区底水 4 亿 m^3,大汶河来水 9 亿 m^3,设计分蓄黄河洪水 17.5 亿 m^3。黄河水利委员会 2011 年修编的《黄河流域综合规划》,进一步明确了东平湖蓄滞洪区在黄河中下游防洪体系中的地位和作用。

2009 年山东省水利厅编制的《黄河流域重要支流规划——山东省大汶河流域综合规划(初稿)》,确定东平湖作为大汶河洪水的主要承泄区,是黄河下游重要的滞洪区。

综上所述,东平湖建库之初的基本功能定位为黄河下游重要的蓄滞洪水库,主要作用是控制艾山站下泄流量不超过 10 000 m^3/s,确保黄河下游安全。建库 50 多年来,东平湖仅于 1982 年为黄河分洪一次,且为预见性分洪,当时艾山站下泄流量为 7 430 m^3/s。随着小浪底水利枢纽工程的建成使用,黄河调水调沙的成功实施,以及防汛工程体系的健全完善,黄河汛情基本达到了可防可控,利用东平湖分滞黄河洪水的概率大大降低。南水北调工程实施后,东平湖又承担了向黄河以北和济南及胶东地区供水的任务,其功能作用发生了明显变化,由原来单一的蓄洪区转变为集蓄洪、蓄水、调水和供水等多种功能于一体的综合性水库。京杭运河的复航,东平湖作为运河航运重要平台的作用也逐步显现。

历史上,沂沭汶泗曾是一个有机的整体。1949 年冬成立的"沂沭汶运治导委员会",汶河曾是这个地区的一个成员,1955 年开始划归黄河水利委员会管理。

东平湖作为黄河下游重要的滞洪区,在分滞黄河和大汶河洪水、保障黄河下游防洪安全等方面,发挥了重要的作用。但是东平湖蓄水兴利作用并不明显,导致当地地表水水资源利用率极低。据统计,现状条件下东平湖区域主要以地下水供水为主,地表水资源利用率很低。据戴村坝水文站 1952 ~ 2010 年来水量统计,大汶河多年平均年入东平湖水量为 10.78 亿 m^3,但 80% 以上来水集中在汛期(6 ~ 9 月),且大部分水量在汛期排入黄河。

上述分析表明:①东平湖是黄河下游重要的滞洪区,肩负重要的防洪任务;②东平湖是大汶河的承泄区,汛期有丰富的雨洪资源可以利用;③东平湖作为南水北调东线工程的调蓄水库,又承担了向黄河以北和济南及胶东地区供水的任务。

鉴于东平湖汛期雨洪资源丰富,南四湖流域水资源不足的实际情况,有专家提出,让大汶河有条件的"认祖归宗",为南四湖补充水资源,即建立一种跨流域的调度协商机制,在南四湖地区少水干旱年份,如果大汶河产生较大的洪水,即可启动"引汶入湖"措施,使部分洪水资源为南四湖流域所用。这不仅为东平湖乃至黄河下游防汛"减忧",也为南四湖地区"解旱"。

为此,建议启动东平湖为南四湖补水工程的研究项目,对补水工程及跨流域的调度协商机制进行研究。

8.5 加大节水力度,降低用水指标,提高用水效率

从第 7 章现状供水格局分析可以看出,2010 年南四湖流域总供水量 654 525.95 万 m³,其中地下水供水占 44.06%、地表水占 38.33%、引黄水占 16.36%、非常规用水(雨水、矿坑水、污水)占 1.25%。

从用水结构上看,生产用水占的比重最大,为 89.65%;其次为生活用水,占 9.25%;生态用水占 1.1%。生产用水中,第一产业用水最大,占总用水量的 80.63%;其次为第二产业用水,占 8.27%;第三产业仅占 0.76%。

为推进实行最严格水资源管理制度,确保实现水资源开发利用和节约保护的主要目标,根据《山东省用水总量控制管理办法》(省政府令第 227 号)等有关法律法规,南四湖流域节水措施应主要从提高农业、工业及生活用水效率方面考虑。

8.5.1 加大农业节水力度,提高农业用水效率

南四湖流域农业用水量占总用水量的 80% 以上,目前灌溉水的利用效率在 0.6 左右,按照《山东省用水效率控制指标》,2015 年要求南四湖流域包含的行政区泰安、济宁、枣庄、菏泽灌溉水的利用效率分别达到 0.66、0.63、0.65、0.62,而发达国家灌溉水的利用效率在 0.8 以上,水分生产率达到 2.0 kg/m³,与发达国家相比,节水潜力很大。

本研究在需水量预测推荐方案中采取了两个措施:一是降低农田净灌溉定额,与现状相比水稻降低 20 m³/亩,水浇地、棉花均降低 10 m³/亩;二是提高灌溉水利用效率,灌溉水利用系数提高到 0.68。两项措施 50%、75% 保证率情况下分别节水 6.43 亿、6.77 亿 m³。可以看出,农业用水有着较大的节水潜力,加大农业节水力度是流域提高水资源调控能力的重要途径之一。

农业节水主要从以下 4 个方面进行。

8.5.1.1 采用先进灌水方法,减少作物净灌水定额

灌水方法类型比较多,传统的灌水方法有沟灌、畦灌,先进的灌水方法有喷灌、滴灌、渗灌、微喷灌、涌灌、膜上灌、膜下灌等,以及非充分灌溉、水稻的湿润灌溉、精量灌溉技术等,各种灌水方法的灌水定额不同,节水效果也不同。先进的灌水方法具有灌水定额小、作物吸收效率高、水分利用效率高等特点,节水效果明显。

非充分灌溉是针对水资源的紧缺性与用水效率低下的普遍性而提出的一种节水灌溉

技术。非充分灌溉广义上可以理解为:灌水量不能完全满足作物的生长发育全过程需水量的灌溉。就是将有限的水科学合理(非足额)安排在对产量影响比较大,并能产生较高经济价值的水分临界期供水。在非水分临界期少供水或不供水。非充分灌溉作为一种新的灌溉制度,不追求单位面积上最高产量,允许一定限度地减产。非充分灌溉的目的就是有意识地适度减少单位面积供水量,或减少作物生育期的灌溉供水量,使作物遭受一定程度的水分亏缺,而同时又不至导致明显减产,从而较大幅度地提高用水效率。

水稻是耗水量较大的作物,从插秧到收获整个生长过程需要大量的水分供给,才能保证优质高产,因此水稻具有较大的节水潜力。目前,水稻节水灌溉技术大多采用湿润灌溉。济宁市从 20 世纪 80 年代开始研究、推广这一技术。即在水稻插秧以后在田面保持 5 ~ 25 mm 的薄水层,以利返青活苗。返青后在田面不保留水层,而是控制土壤含水量,上限为土壤饱和含水量,下限为饱和含水量的 60% ~ 70%。

8.5.1.2　实施节水灌溉技术,提高灌溉水利用率

目前,流域内引黄灌区主要采用地面沟渠输水灌溉,渗漏、蒸发等水量较大,灌溉水的利用率较低。为提高灌溉水利用效率,可采用以下节水灌溉技术:

一是采用管道输水技术。管道输水技术是目前节水效果较好、应用较为普遍的节水灌溉技术。由于黄河水的泥沙含沙高,不同季节变化较大,因此限制了管道输水技术的应用。目前,已有不少的专家、学者开展了针对黄河水位水源的管道输水灌溉技术研究,在管道输水泥沙不淤流速、沿程阻力损失计算、管道输水灌溉防止泥沙淤积技术等方面都有了一定的研究成果,这些成果对引黄灌区采用管道输水灌溉具有指导意义。引黄灌区大面积发展管道输水灌溉是今后的发展方向。

二是采用喷灌、微灌技术。喷灌、微灌节水效果好,而且可结合施肥,便于实现自动化控制,缺点是投资高,对管理人员的要求高。因此,有条件的灌区要大力提倡喷灌、微灌等高效节水灌溉技术,提高灌溉水的利用率。

三是采用作物精量控制灌溉技术。该技术兴起于 20 世纪 80 年代后期,是随着一些发达国家精准农业技术的发展而发展起来的。精量控制灌溉是以大田耕作为基础,按照作物生长过程的要求,通过现代化的检测手段,对作物的每一个生长发育过程以及环境要素的现状实现数字化、网络化、智能化监控,并运用 3S 技术以及计算机技术等先进技术实现对农作物、土壤墒情、气候等从宏观到微观的检测、预测,根据监控结果,采用最精确的灌溉设施对作物实施严格有效的灌水施肥,以确保作物生长需要的水、肥要求,实现作物高产、优质、高效和节水的目的。

8.5.1.3　加大灌区节水改造力度,实施高效节水灌溉

目前,流域内许多已建灌区存在工程老化、效益退化等现象,而且没有配套,致使灌区用水效率低,水量浪费现象严重。因此,应加大灌区续建配套及节水改造力度,实施高效节水灌溉。

8.5.1.4　加强灌溉管理,增强节约用水水平

灌溉管理是通过对灌溉工程设施的管理和对灌区水资源的合理调配和运用,以促进农业稳产高产为目的的科学管理工作。主要包括工程设施管理和灌溉用水管理。

工程设施管理的主要任务是保证工程设施的完好和正常运行,包括对灌排工程及设

施设备的监测、养护、维修,以及必要的大修、更新、改建等。

用水管理的主要任务是保证适时适量供给农作物用水,提高灌溉水的利用率。内容包括分析和预测水源供水情况,正确地编制和执行用(供)水计划,合理调配水量,及时地组织田间灌水。《山东省农田水利管理办法》于2013年8月1日实施,其中明确农田灌溉将实行计划用水,对农田灌溉用水量进行定额管理。农田灌溉用水量由县级以上人民政府水行政主管部门根据当地水资源条件合理确定,并制订灌区水量分配计划。水利工程管理机构或乡镇水利服务机构负责制订相应的用水计划,并报有管辖权的水行政主管部门批准后组织实施。

灌溉用水管理的另一项重要工作是用水计量工作。用水计量是计划用水、合理配水、按方收费的重要依据,是促进节约用水的重要手段。目前,灌区用水计量特别是末级用水户计量普及程度较低,大多只能采用按时间、按亩收费,因此应加快灌区配套、改造力度,逐步达到灌区末级用水户全部实现用水计量。

8.5.2　加大工业节水力度,提高工业用水效率

本研究在推荐方案需水量预测比基准方案第二、三产业需水量减少9 558万 m^3 ,工业节水主要从降低工业万元增加值用水定额、提高工业用水重复利用率、降低工业耗水率和工业排水率及供水管网漏失率等途径实现。主要措施包括以下几项。

8.5.2.1　采用先进的节水工艺,提高冷却水重复利用率

工业生产冷却系统一般采用水冷,循环冷却水是工业用水的主要组成部分。循环冷却水带走机器设备运转产生的热量,通过蒸发消耗循环冷却水,随着循环次数的增加,循环冷却水的浓缩倍数越来越高,浓缩倍数达到一定数量就会影响循环系统的正常运行,因此循环冷却系统运行过程中需要不断地排出部分循环水并补充新水。目前,南四湖流域的工业循环水的浓缩倍数还不高,和国外先进的用水水平的浓缩倍数还有一定的差距,需要采用先进的节水工艺,提高循环冷却水的浓缩倍数,从而提高循环冷却水的重复利用率。

8.5.2.2　企业生产工艺进行节水改造

研究开发先进的节水工艺,逐步淘汰落后的高耗水工艺、设备和产品,采用节水设备和器具,对在生产经营中使用落后的高耗水工艺、设备和产品要依法查处,坚决淘汰,进行节水改造。

8.5.2.3　减小管网漏失,提高水资源利用率

南四湖流域大多工业企业建设时间较早,生产设备老化失修,输水管网漏失严重,管网漏失率较高。为此,应查找漏失点,维修管网,减小管网漏失率,提高水资源利用效率。

8.5.2.4　严格用水器具市场准入制度

用水器具对用水量有直接的影响。应执行国家用水器具及用水设备的标准,规范和清理整顿用水器具的生产及经营秩序,落实国家工业节水鼓励类、限制类和淘汰类产业政策,推荐使用节水型技术、节水设备(产品)。

8.5.2.5　强化工业节水源头管理

严格执行《建设项目水资源论证管理办法》,对于直接从江河、湖泊或地下取水并需

申请取水许可证的新建、改建、扩建的建设项目,建设项目业主单位应当按照该办法的规定进行建设项目水资源论证,编制建设项目水资源论证报告书,论证项目用水的合理性以及采取的节水措施等。

严格执行《中华人民共和国水法》、《山东省水资源管理条例》,强化工业用水项目源头管理,取水量较高的新建和改扩建工业项目必须制定节水措施,在项目可行性研究报告中,应当包括合理用水的专题论证内容,无合理用水的专题论证内容或审查达不到合理用水标准的,不予批准建设。工业节水设施项目必须与主体工程同时设计、同时施工、同时投入运行,项目建成后,达不到合理用水标准的,不予验收。

8.5.2.6　加大企业用水的监管力度

加强对重点企业生产用水定额的管理,建立企业用水监管制度,根据节水规划、用水定额和用水计划,加强对重点用水企业的考核,实行节奖超罚。重点水资源保护区、缺水地区要严格限制引进和新上高污染、高耗水工业项目。

8.6　提高城市再生水利用程度

8.6.1　再生水利用的必要性与可行性

在水资源严重缺乏的今天,再生水已成为城市的第二水源。城市污水再生利用是提高水资源综合利用率,减轻水体污染的有效途径之一。再生水合理回用既能减少水环境污染,又可以缓解水资源紧缺的矛盾,是贯彻可持续发展的重要措施。污水的再生利用和资源化具有可观的社会效益、环境效益和经济效益,已经成为世界各国解决水问题的必选。

中水,也称再生水,它的水质介于污水和自来水之间,是城市污水、废水经净化处理后达到国家标准,能在一定范围内使用的非饮用水,可用于城市景观和百姓生活的诸多方面。为了解决水资源短缺问题,城市污水再生利用日趋重要,城市污水再生利用与开发其他水源相比具有诸多优势。首先城市污水数量大、稳定、不受气候条件和其他自然条件的限制,并且可以再生利用。污水作为再生利用水源,与污水的产生,可以同步发生,就是说只要城市污水产生,就有可靠的再生水源;其次,污水处理厂就是再生水源地,与城市再生水用户相对距离近,供水方便;第三,污水的再生利用规模灵活,既可集中在城市边缘建设大型再生水厂,也可以在各个居民小区、公共建筑内建设小型再生水厂或一体化处理设备,其规模可大可小,因地制宜。

在技术方面,再生水在城市中的利用不存在任何技术问题,目前的水处理技术可以将污水处理到人们所需要的水质标准。城市污水所含杂质少于 0.1%,采用的常规污水深度处理,例如滤料过滤、微滤、纳滤、反渗透等技术。经过预处理,滤料过滤处理系统出水可以满足生活杂用水,包括房屋冲厕、浇洒绿地、冲洗道路和一般工业冷却水等用水要求。微滤膜处理系统出水可满足景观水体用水要求。反渗透系统出水水质远远好于自来水水质标准。国内外大量污水再生回用工程的成功实例,也说明了污水再生回用于工业、农业、市政杂用、河道补水、生活杂用、回灌地下水等在技术上是完全可行的,为配合我国城市开展城市污水再生利用工作,建设部和国家标准化管理委员会编制了《城市污水处理厂工程质量验收规范》、《污水再生利用工程设计规范》、《建设中水设计规范》、《城市污水水质》等污水再生利用系列标准,为有效利用城市污水资源和保障污水处理的质量安全,提供了技术数据。

在经济方面,再生水具有如下优势:

(1)再生水比远距离引水便宜。城市污水资源化就是将污水进行二级处理后,再经深度处理作为再生资源回用到适宜的位置。基建投资远比远距离引水经济,据资料显示,将城市污水进行深度处理到可以回用作杂用水的程度,基建投资相当于从 30 km 外引水,若处理到回用作高要求的工艺用水,其投资相当于从 40 ~ 60 km 外引水。

(2)比海水淡化经济。城市污水中所含的杂质小于 0.1%,而且可用深度处理方法加以去除,而海水中含有 3.5% 的溶盐和大量有机物,其杂质含量为污水二级处理出水的 35 倍以上,需要采用复杂的预处理和反渗或闪蒸等昂贵的处理技术,因此无论基建费或单位成本,海水淡化都高于再生水利用。国际上海水淡化的产水成本大多为 1.1 ~ 2.5 美元/t,与其消费水价相当。我国的海水淡化成本已降至 5 元/t 左右,如建造大型设施更加可能降至 3.7 元/t 左右。即便如此,价格也远远高于再生水不足 1 元的回用价格。

(3)可取得显著的社会效益。在水资源日益紧缺的今天,将处理后的水回用于绿化、冲洗车辆和冲洗厕所,减少了污染物排放量,从而减轻了对城市周围的水环境影响,增加了可利用的再生水量,这种改变有利于保护环境,加强水体自净,并且不会对整个区域的水文环境产生不良的影响,其应用前景广阔。污水回用为人们提供了一个非常经济的新水源,减少了社会对新鲜水资源的需求,同时也保持了优质的饮用水源。这种水资源的优化配置无疑是一项利国利民、实现水资源可持续发展的举措。

8.6.2　我国再生水利用现状

进入 21 世纪前后,在水资源日趋紧张的背景下,再生水利用开始受到我国政府的重视。到 2009 年,中国污水再生利用率(污水再生利用量/污水处理率)为 15% 左右,而污水再生利用量/污水排放量的比率仅为 5% 左右,与发达国家 70% 的利用率相比还有相当大的差距。

为加大再生水利用量,国家环保部在"十二五"环境保护大框架下,出台了"再生水利用专项规划"。该规划明确提出,到 2015 年,全国城市再生水利用率要达到 20% 以上,较 2010 年年底提高逾 10 个百分点。北京、上海、西安、杭州等城市在涉及本地区的再生水利用"十二五"规划中,均提出了再生水利用的目标,加大了再生水利用的力度。目前,各地都在编制"再生水利用专项规划"。北京市提出 2015 年,全市年再生水利用量将不低于 10 亿 m³,再生水利用率达到 70% 以上。目前,再生水已经成为北京市第二大水源,广泛应用于工业用水、农业灌溉、城市绿化、小区冲厕等。近 5 年来,建成卢沟桥、吴家村、沙河等一批污水处理厂及再生水厂,大力推进再生水管网建设,污水资源化利用水平大幅提高。全市乡镇以上污水日处理能力由 2008 年的 329 万 m³ 提高到 395 万 m³,污水处理率由 79% 提高到 83%,再生水利用量由 6 亿 m³ 提高到 7.5 亿 m³,再生水利用率达到 61%。污水处理率及再生水利用率均处于全国领先水平。

8.6.3　加大南四湖流域再生水利用力度

2010 年南四湖流域非常规用水利用量为 8 157 万 m^3，占总供水量的 1.25%，其中再生水(污水)利用量为 7 335 万 m^3，占总供水量的 1.12%，仅占城市污水排放量的 16.27%。再生水利用率比较低，有很大的发展空间。

本研究在推荐方案的供需平衡分析中，将加大再生水利用量作为提高水资源供水能力的重要措施之一。按照 2020 年南四湖流域城市污水处理率达到 90%、再生水利用率达到 40% 的目标，流域再生水利用量达到 2.43 亿 m^3，占总供水量的 3.65%($P=50%$ 保证率)、3.89%($P=75%$ 保证率)。即便是按此目标，在 75% 保证率情况下，流域仍然缺水。经计算，在其他供水条件不变的情况下，再生水利用率达到 65% 以上，流域基本上达到水资源供需平衡。因此，加大流域再生水利用势在必行。

8.6.3.1　科学制定目标，提高再生水利用率

根据山东省水污染防治、污水集中处理及回用等有关规划及计划资料，并按山东省建设厅 2004 年 4 月编制的《南水北调东线工程山东段城市污水和垃圾处理工程建设规划》的要求，近期(2015 年)城市污水收集集中处理率达到 80%，中水回用率达 55%，污水处理厂满负荷运转率达 90%；远期(2020 年)城市污水收集集中处理率达到 90%，中水回用率达 70%，污水处理厂满负荷运转率达 100%。

为提高城市再生水利用率，青岛市市政公用局、城市节水办 2013 年组织专业规划编制机构编制完成了《青岛市城市再生水利用发展规划》，明确了城市再生水利用发展目标、工程项目和监管措施，提出了城市再生水利用率 2015 年达到 40%、2020 年达到 60%的目标。而北京提出到 2015 年再生水利用率即达到 70%。

南四湖流域各地市应根据国家及省有关文件要求，结合本地实际情况，参照相关地市再生水利用规划等，尽快编制城市再生水利用专项规划，提出再生水利用的目标及措施，作为实施再生水利用的依据。

8.6.3.2　加大宣传力度，提高对再生水回用必要性和可行性的认识

各级政府、行业协会和企业等要利用多种渠道积极宣传再生水回用的重要性和战略意义，提高人们使用再生水的必要性和可行性的认识。总结再生水回用的经验和成果，进行示范推广，宣传再生水的使用。同时，将再生水纳入到当地水源的统一调度和配置，以促使再生水的使用逐步得到推广。

8.6.3.3　加大再生水利用的资金投入力度

制约再生水推广普及的直接原因一是污水处理厂的建设，二是再生水管网的铺设。因此，需要大量资金投入。

政府应积极引导，采用补贴、制定优惠政策等方式，鼓励企业投资开发利用再生水。对于再生水利用，应该建立稳定规范的政府投资渠道，制定相应的政府投资补助标准，统筹安排污水处理费和水资源费。对于公益性生态环境补水，由政府通过水资源费进行补贴。

8.6.3.4　加大政府监管力度，健全再生水利用监管机制，提高行业管理水平

一是严格落实节水设施和再生水利用工程设施"三同时"管理制度，以行政手段推进再生水利用。根据我国《环境保护法》第 26 条的规定："建设项目中防治污染的设施，必

须与主体工程同时设计、同时施工、同时投产使用",结合新建项目节水设施"三同时"审核把关,确保符合条件的建设项目配套建设再生水利用工程设施,发展新建居民小区利用再生水进行绿化、景观、冲厕等;二是加强定额用水管理,以行政手段推进再生水利用;对应当按规定建设再生水利用设施而未建以及有条件使用再生水而拒不使用的用户,依法核减其自来水用水定额,超定额加价收费,利用经济杠杆扩大城市再生水利用规模;三是完善城市再生水利用的管理制度,通过积极调研,制定和细化了再生水工程设施建设、管理的引导政策、技术规范和监管措施,指导再生水产业的技术进步和发展;四是加强对再生水运营企业的监督管理,组织开展用户需求调研和用户拓展,定期抽检和公示再生水水质,保证设备设施正常运行。

8.6.3.5　积极发展再生水用户,扩大再生水利用量

一是加大宣传力度,鼓励使用再生水,通过媒体宣传、建立示范工程和样板工程等多种形式,普及污水资源化知识,引导社会正确认识再生水,消除市民和用户对再生水的模糊认识。二是出台鼓励再生水利用的相关政策,对使用再生水给予政策补贴,加快推进再生水工程的建设与利用。例如,对回用的中水,不计征污水处理费和水资源费。三是鼓励单位和个人以独资、合资、合作等方式建设中水设施和从事中水经营活动等。四是科学核定每条河道的生态景观用水需求,定期向河道补充再生水,大力发展河道景观水,积极推广绿化用水和市政保洁用水使用再生水。

8.7　开展流域内水权转让研究,利用水市场机制调配水资源

8.7.1　水权与水权制度

广义的水权是指水资源的所有权和使用权;狭义的水权就是指水资源的使用权,即水资源使用者在法律规定范围内对所使用的水资源占有、使用、收益和依法处置的权利。

水权制度是指界定、配置、调整、保护和行使水权,明确政府之间、政府和用水户之间以及用水户之间的权、责、利关系的规则,是从法制、体制、机制等方面对水权进行规范和保障的一系列制度的总称。

水权制度体系由水资源所有权制度、水资源使用权制度和水权流转制度三部分内容组成。水资源所有权制度主要基于政府有效行使水资源所有权而设定的制度;水资源使用权制度则是为实现水资源使用权的合理配置和对取用水行为进行有效管理、保障使用权人的权益而设定的制度;而水权流转制度则是利用市场机制促进水权合理配置而设定的制度。地方水权制度建设主要是指使用权制度和水权流转制度建设。

水权管理是对水权的产生、界定、行使、保护和转让等的管理。这是水资源经济管理的基础,也是水资源经济管理和立法管理的集合。现阶段我国的水权管理主要分为以下5个方面:①初始水权产生的管理,目的是保证水资源使用权正常、健康地被专有化,生成初始水权;②水权内涵界定的管理,包括水权的时效性、空间限定、水权人的权利与义务的确定与管理等;③水权行使过程的管理,防止偏差、失当行为;④水权纠纷的处理和保护水权人的合法权益;⑤水权的登记、转让的管理。

8.7.2　水权转让及必要性

8.7.2.1　水权转让

水权的转让是指某种用途(用户)的水(量)依照市场机制将其转让给另一种用途(用户),受让用户同时拥有了该部分水除所有权外的其他权利。目前,水权转让应用较多的是农业水权部分或全部转让给城市或工业用水。

8.7.2.2　农业水权转让的必要性与意义

根据《中国水资源公报》,2011 年全国总用水量为 6 107.2 亿 m^3,其中生活用水量为789.9 亿 m^3,占总用水量的 12.9%;工业用水量为 1 461.8 亿 m^3,占 23.9%;农业用水量为 3 743.5 亿 m^3,占 61.3%;生态补偿用水量为 111.9 亿 m^3,占 1.9%。南四湖流域 2010 年农业用水量为 527 711.90 m^3,占总用水量的 80.6%。因此,农业用水占有相当大的比值。

然而,在水资源紧缺的当今,农业用水一方面量大,另一方面浪费现象严重,农业灌溉用水高耗水、收益低。而投入产出比更高的工业用水却面临着严重不足的局面。因此,农业用水向工业用水的转让就成了解决这一矛盾有效的方法之一。

众所周知,目前我国农业用水比重大、效益低,工业用水比重低、效益高。这就导致了两个方面的问题:①水资源利用效率偏低的农业用水拥有大量的水源,这势必带来严重的用水浪费,阻碍水资源的合理流动和高效配置;②水资源利用价值高的工业行业因不能获得所需水量而无法进行建设和生产,制约了工业的发展,由此可见进行水权转让的必要性。随着我国经济的快速增长,水资源短缺已经成为社会经济发展最重要的因素,这就使得水权转让以其投资少、成本低、效果好的特点成为解决这一问题的最佳选择。

我国从 20 世纪 80 年代中期就开始了已建水库农业用水部分或全部转向工业用水,但直到 90 年代才开始了水权、水市场的研究,而实施水权转让是 21 世纪初期才开始的。2000 年 11 月,浙江省义乌市政府向东阳市政府提出了从所有权属东阳的横锦水库购买部分用水权的要求,义乌市一次性出资 2 亿元购买东阳横锦水库每年 5 000 万 m^3 水的使用权。其成功的实现了促进地区内水资源的开发、节约、保护和地区之间的水资源使用权的转让,达到水资源优化配置的目的。在此之后,相继实施了 2001 年的张掖市水票交易,2006 年甘肃省靖乐渠、旱平川、工农渠灌区和靖远电厂三期扩建工程水权有偿转让,都取得了成果。

2003 年 4 月开始,考虑到沿黄省(区)引黄用水效率低、用水结构不合理的实际,黄河水利委员会运用水权、水市场理论,提出了在保证沿黄省(区)用水不突破国务院分水指标的前提下,实施"农业转工业"的水权有偿转换设想。即由工业项目业主投资建设引黄灌区节水改造工程,提高水资源利用率,把农业灌溉节约下来的水量指标用于满足工业项目新增用水需求。按照这一思路,黄河水利委员会会同内蒙古自治区、宁夏回族自治区水利部门在宁夏青铜峡灌区、内蒙古黄河南岸自流灌区启动水权转换试点,开始了我国实施水权转换的新探索。首批选择内蒙古达拉特电厂、宁夏大坝电厂等 5 个用水工业企业投资建设节水设施,对农业灌区进行渠道衬砌。黄河水利委员会在黄河内蒙古段规划的水权转换项目共 37 个,计划转换水量 2.7 亿 m^3。据测算,在采取综合节水措施后,内蒙古引黄灌区灌溉水利用系数将提高一倍。2005 年 4 月 1 日,黄河水利委员会正式批复《内蒙古自治区黄河水权转换总体规划报告》,这是我国大江大河首次批复的省级水权转换总体规划。

黄河水权转换是水资源管理当中的一项重大创新,其成功意义在于开创了一条解决干旱地区经济社会发展用水的新路,充分体现了水资源管理市场调节作用,其作用主要体现在以下 5 个方面:①通过水权转换,为拟建工业项目提供生产用水,解决水资源短缺地区为水所困的"瓶颈"问题;②拓展节水融资渠道,变单纯依靠国家或地方政府解决灌区节水工程投资为多渠道融资;③减少输水损失,降低水费支出;④调整产业用水结构,遏制省区超用黄河水问题;⑤促进节水型社会建设。

8.7.3　水权转让的价格

水权转让价格是指单位水量的交易价格,是指通过水资源使用权转让而得到的经济补偿。在我国目前水资源管理框架条件下,水权指水资源的所有权、使用权和经营权。由于我国法律规定,水资源归国家(集体)所有,无论发生什么情况,所有权不发生变化,所以水资源的配置过程,实质上就是"水权"即水资源使用权的重新分配过程。水权在调节水资源供需和水资源转移过程中扮演着重要角色,加强水资源使用权管理及转让是 21 世纪农业水资源管理的重要趋势和方向。

2005 年 1 月 11 日水利部颁发的《水利部关于水权转让的若干意见》明确表示"运用市场机制,合理确定水权转让费是进行水权转让的基础"。

在市场经济条件下,农业水权的有偿转让,是提高水资源利用效率、实现水资源的优化配置、有效保护水资源的重要手段,是解决我国目前资源性缺水的有效途径。但是水权的转让并不是放弃农业灌溉,而是通过高效节水和加强管理,把农业结余下来的水权转让给城市,做到农业和工业的协调发展。通过水权转让,一方面为工业提供了生产用水,使区域经济快速发展;另一方面开展节水改造工程可以使灌区工程现状得到改善,渠系水利用系数得到提高,输水损失减少,水费支出降低,增加农民的经济效益。

理论上,完整的水权转让价格应该能反映水资源的价值、因开展水权转让所产生的成本、通过水权转让获得的合理收益和税金等因素。水利部印发的《关于水权转让的若干意见》中明确规定的水权转让费包括以下 5 个组成部分:"确定转让费用时应考虑相关工程的建设、更新改造和运行维护;提高供水保障率的成本补偿;生态环境和第三方利益的补偿;转让年限;供水工程水价以及相关费用等多种因素"。因此,水权转让的价格(P)应由以下 7 个部分构成:资源水价(P_1)、工程水价(P_2)、水权转让所需节水灌溉工程成本水价(P_3)、农业补偿水价(P_4)、生态补偿水价(P_5)、税金(P_6)和合理利润(P_7),即

$$P = P_1 + P_2 + P_3 + P_4 + P_5 + P_6 + P_7 \tag{8-1}$$

8.7.4　水权转让的实施

目前,我国水权流转制度初步建立,并在水权试点中得到检验,相关政策成为水权流转的依据。国家水资源管理部门制定了水权流转的基本原则与政策,如《水利部关于水权转让的若干意见》(水利部 2005 年 1 月)、《水利部关于内蒙古、宁夏黄河干流水权转换试点工作的指导意见》(水利部 2004 年 5 月)、《水权制度建设框架》(水利部 2005 年 12

月)等。有关省、自治区及一些流域管理机构也制定了水权流转的具体实施办法,如《黄河水权转换管理实施办法(试行)》(水利部黄河水利委员会 2004 年 6 月)等。一些地方政府也采取了激励措施推进水权流转,如宁夏对黄河水权转换中的渠系建设提供财政补贴等。这些意见、办法可作为水权转让实施的依据和参考。

目前,我国主要水权流转案例见表 8-7,可供借鉴。

表 8-7　我国主要水权流转方式及典型案例

流转方式	政府水权流转方式	行业(企业)间水权流转方式	终端客户间水权流转方式
典型案例	浙江东阳－义乌水权转让	宁夏－内蒙古(黄河)水权转换	张掖水权交易
实现形式	水权转让	水权转换	水权交易
相关水权	(横锦)水库的水资源使用权	(黄河)取水权	(黑河)取水权
出让方	地方政府(东阳市政府)	农业部门(农业灌区管理局)	用水户(农户)
受让方	地方政府(义乌市政府)	工业部门(电厂等企业法人)	用水户(农户为主,少量其他企业)
政府定位	主导者、管理者、参与者(交易主体)	促进者、管理者、推广者	主导者、管理者(制定规划、许可与管理)
主要做法	东阳将横锦水库每年50 000万 m³ 的水资源永久使用权(水权)一次性转让给义乌,并签订水库部分水权买断协议;水权收购经费(2亿元)由义乌财政资金支付	由工业项目业主单位投资建设引黄灌区节水改造工程,将灌区渠网减少渗漏的结余水量指标(水权)有偿转让给工业项目。水权转换实行自主定价,政府审批,财政提供部分资金进行补贴	在区域水资源宏观控制体系的基础上建立了微观定额管理体系,确定了用水户的用水指标(水权),结余指标可用于市场交易,主要以"水票"交易形式进行,实行政府指导定价
性质与特征	(1)基于政府的资源配置,"政府代理"的"批量水权流转"; (2)利用市场机制进行经济补偿的跨区域行政性调水; (3)地方政府主导的跨区域公共水权转让	(1)基于市场的资源配置,在市场配置机制的条件下进行的水资源使用权交易; (2)具有二级市场之间水权流转的性质与特征; (3)行业间水权交易,水权多从农业流向工业	(1)基于用户的资源配置,"政府强制"的水权交易; (2)流域或区域内、不同用户之间的纯二级市场水权交易
流转期限	永久(无限期)	长期(有限期,一般20～25年)	临时或短期(灌溉期)
流转范围	跨地区、可跨流域	跨行业、基本在流域内	地区内部、基本属于农业内部
综合效益	显著	显著	不显著
配置效率	高	中高	低

注:资料来源:"加快转变经济发展方式的水资源政策研究"(国务院发展研究中心重点课题组)。

　　水权流转是运用市场机制实现水资源优化配置的重要手段。我国在部分地区进行了水权流转的实践探索，形成了政府间流转、行业间流转和终端用户间流转等水权流转方式，但具体推广实施和其进一步优化仍面临着诸多问题。因此，应进一步完善以下研究：完善水市场及相关法律制度建设，并加强初始水权界定工作，积极探索政府间与行业间水权流转的混合方式，建立和完善科学规范的水权流转机制，并鼓励和支持专业中介机构发挥作用。

8.8　积极推进水价改革，利用经济手段促进节约用水

　　积极推进水价改革是 2011 年中央 1 号文件和 2013 年党的第十八届三中全会《中共中央关于全面深化改革若干重大问题的决定》中提出的重要改革任务。充分发挥市场经济条件下水价杠杆调节供求关系的作用，促进水资源的合理配置，是实现"大力推进节约用水、促进产业结构调整、促进经济方式的转变"的我国供水价格体系改革总体目标的关键。同时，积极推进水价改革，可以利用经济手段促进节约用水，也是提高流域或地区水资源供给能力的途径之一。

　　目前，南四湖流域农业灌溉用水水价为 $0.06 \sim 0.12$ 元$/m^3$，城市自来水居民用水水价（不含水资源费、污水处理费）为 $1.25 \sim 2.0$ 元$/m^3$，工业用水水价（不含水资源费、污水处理费）为 $1.5 \sim 2.85$ 元$/m^3$。水资源费地表水为 $0.2 \sim 0.3$ 元$/m^3$，地下水为 $0.45 \sim 0.65$ 元$/m^3$（个别为 1.5 元$/m^3$）。生活用水中水资源费在水价中比重（以地表水为例）为 $10\% \sim 19\%$。因此，从价格水平上看，水价相对偏低，从水价构成看，水资源费占用的比例较少。因此，南四湖流域水价改革主要包括以下几方面。

8.8.1　加大水价中水资源费的比重

　　中国水利水电科学研究院"全国供水价格体系研究"（2011 水利部重大课题）指出：①水资源费应作为供水价格体系的重要调节因子，在城市供水环节比价中比重取值范围为 $20\% \sim 50\%$，最低应不低于 20%。②在城市自来水供水环节比价中，应重点提高水资源费与原水费的比重。建议水资源费与原水费（水利工程供水价格）合计比重应达到 35% 以上。

　　2013 年省水利厅、物价局计划调整全省水资源费征收标准，拟在"十二五"期末将水资源费标准提高至地表水 0.40 元$/m^3$、地下水 1.5 元$/m^3$，分别比现行标准提高 14.3%、105.5%。水资源费标准调整工作正在进行中，各地市应根据有关文件和相关研究成果，尽快制定相应的水资源征收标准。

8.8.2　尽快实施城镇居民用水阶梯水价

　　我国是水资源短缺的国家，人均水资源占有量仅为世界平均水平的 1/4，城市缺水问题尤为突出。为促进节约用水，近年来，一些地方结合水价调整实行了居民阶梯水价制度，节水效果比较明显。目前，就全国而言，居民生活用水占城镇供水总量的比例接近 50%。一方面，随着我国城镇化进程的加快，用水人口增加，城镇水资源短缺的形势将更

为严峻;另一方面,水资源浪费严重,节水意识不强。加快建立完善居民阶梯水价制度,充分发挥价格机制调节作用,对提高居民节约意识,引导节约用水,促进水资源可持续利用具有十分重要的意义。

为此,2014 年 1 月,国家发展改革委、住房城乡建设部出台《关于加快建立完善城镇居民用水阶梯价格制度的指导意见》,要求各地要按不少于三级设置阶梯水量。第一级水量原则上按覆盖80%居民家庭用户的月均用水量确定,保障居民基本生活用水需求;第二级水量原则上按覆盖95%居民家庭用户的月均用水量确定,体现改善和提高居民生活质量的合理用水需求;第一、二、三级阶梯水价按不低于1:1.5:3的比例安排,缺水地区应进一步加大价差。两部门要求在 2015 年年底前,全国所有设市城市原则上全面实行居民阶梯水价制度,这是首次明确实施阶梯水价全国时间表。

北京市居民阶梯水价于 2014 年 5 月 1 日起实施,其制定阶梯水价的做法值得借鉴与参考。流域内各地市应按照文件的要求,抓紧制定城市居民阶梯水价。

8.8.3　大力推进农业水阶综合改革

2008 年中央财政安排专项资金,在全国部分省区启动了农业水价综合改革试点。农业水价综合改革分为三个步骤:第一步由中央和地方两级财政补贴,农民投工投劳进行灌区末级渠系节水改造,减少农民灌溉用水量。改造完毕后,第二步则成立灌区农民用水协会,将末级渠系工程的产权明确交付农民用水协会,由其负责末级渠系的维护和用水管理。第三步才涉及价格,对灌区用水价格进行调整,令其不但能够覆盖国家水利工程管理单位向末级渠系供水的成本,也能够覆盖末级渠系水利工程养护成本,并实行终端水价制,由农民向用水协会缴纳水费。

实践证明,农业水价综合改革工作在促进农业节水、粮食增产、降低农民水费支出、促进工程良性运行方面取得了明显成效。为此,2013 年水利部协调财政部加大支持力度,在全国 27 个省 55 个县深入开展农业水价综合改革示范。随着全国农业综合水价改革试点范围的逐步扩大和深入,水利部将积极完善农业水价形成机制,科学核定农业供水成本,推动落实灌排工程运行维护费财政补助政策,从成本扣除财政补助部分确定最终水价,并推进定额内用水实行优惠水价、超定额用水累进加价。

2008 年以来,中央财政安排专项资金先后在 20 个省(区、市)125 个县(市、区)实施农业水价综合改革试点工作,示范区通过末级渠系节水改造、供水计量设施配套建设、农民用水户规范化建设和农业终端水价制度改革等,取得显著成效。因此,南四湖流域农业水价改革,应借鉴国家农业水价综合改革的经验,加快农业水价改革,达到既节约用水,又确保工程良性运行、可持续运行的目的。

参 考 文 献

［1］Hartley J, Powell R. The development of a combined water demand prediction system［J］. Civil Engineering Systems. 1991, 8(4): 231-236.

［2］何文杰，王季震，赵洪宾. 天津市城市用水量模拟方法的研究［J］. 给水排水,2001, 27(10): 43-44.

［3］D S J, V Y. Stochastic structure of water use estime series. Hydrology Paper No. 52, Colorado State University, Fort Collins,1972, 13-16.

［4］吕谋，赵洪宾，李红卫. 时用水量预测的实用组合动态建模方法［J］. 中国给水排水,1998, 14(1): 9-11.

［5］Zhou S L, McMahon T A, Walton A, et al. Forecasting daily urban water demand: a case study of Melbourne［J］. Journal of Hydrology. 2000, 236(3): 153-164.

［6］Zhou S L, McMahon T, Walton A, et al. Forecasting operational demand for an urban water supply zone［J］. Journal of Hydrology,2002, 259(1): 189-202.

［7］Maidment D R, Parzen E. Cascade model of monthly municipal water use［J］. Water Resources Research, 1984, 20(1): 15-23.

［8］Parzen E. Time patterns of water use in six Texas cities［J］. Journal of Water Resources Planning and Management,1984, 110(90).

［9］Franklin S L, Maidment D R. An evaluation of weekly and monthly time series forecasts of municipal water use［J］. Journal of the American Water Resources Association,1986, 22(4): 611-621.

［10］丁宏达. 用回归－马尔柯夫链法预测供水量［J］. 中国给水排水,1990, 6(1): 45-47.

［11］Gistau R G. Demand forecasting in water supply systems［M］. Cabrera E Martinez F. Water Supply Systems: State of the art and Future Trends. Southampton: Computational Mechanics Publications, 1993.

［12］Shvars L, Feldman M. Forecasting hourly water demand of pattern approach［J］. Water Supply,2003, 4(5): 168-172.

［13］王煜. 灰色系统理论在需水量预测中的应用［J］. 系统工程, 1996, 14(1): 60-64.

［14］徐洪福，袁一星，赵洪宾. 灰色预测模型在年用水量预测中的应用［J］. 哈尔滨建筑大学学报, 2001, 34(4): 51-54.

［15］张洪国，照洪宾，李恩辕. 城市用水量灰色预测［J］. 哈尔滨建筑大学学报,1998, 31(4): 32-37.

［16］Liu K, Subbarayan S, Shoults R, et al. Comparison of very short－term load forecasting techniques［J］. IEEE Transactions on Power Systems, 1996, 11(2): 877-882.

［17］An A, Shan N, Chan C, et al. Discovering rules for water demand prediction: an enhanced rough-set approach［J］. Engineering Applications of Artificial Intelligence,1996, 9(6): 645-653.

［18］Palangsunti N L, Chan C W, Mason R, et al. A toolset for construction of hybrid intelligence in systems: application for water demand prediction［J］. Artifical Intelligence in Engineering,1999(13):21-42.

［19］Jain A, Ormsbee L E. Short－term water demand forecast modeling techniques: Conventional methods versus AI［J］. Journal－American Water Works Association, 2002, 94(7): 64-72.

［20］Jain A, Varshney A K, Joshi U C. Short－Term water demand forecast modeling at IIT kanpur using artificial neural networks［J］. Water Resources Management, 2001, 15:299-231.

［21］刘洪波, 张宏伟, 田林. 人工神经网络法预测时用水量［J］. 中国给水排水, 2002, 18（12）: 39-41.

［22］方浩, 李蓓, 石娜. 基于模糊神经网络的区域需水量预测计算模型［J］. 西北水资源与水工程, 2004, 14（4）:1-3.

［23］俞亭超. 城市供水系统优化调度研究［D］. 杭州: 浙江大学, 2004.

［24］杨芳, 张宏伟, 刘洪波. 城市供水负荷短期预测方法［J］. 天津大学学报, 2002, 35（2）: 167-170.

［25］Liu J, Savenije H H G, Xu J. Forecast of water demand in Weinan City in China using WDF－ANN model［J］. Physics and Chemistry of the Earth, Parts A/B/C, 2003, 28（4）: 219-224.

［26］柳景青. 用水量时间观测序列中的分形和混沌特性［J］. 浙江大学学报:理学版, 2004, 31（2）: 236-240.

［27］柳景青, 张土乔. 时用水量预测残差中的混沌及其预测研究［J］. 浙江大学学报, 工学版, 2004, 38（9）: 1150-1155.

［28］Altunkaynak A, ozger M, Cakmakci M. Water consumption prediction of Istanbul city by using fuzzy logic approach［J］. Water Resources Management, 2005, 19（5）: 641-654.

［29］Gato S, Jayasuriya N, Roberts P. Temperature and rainfall thresholds for base use urban water demand modelling［J］. Journal of Hydrology, 2007, 337（3）: 364-376.

［30］Firat M, Turan M E, Yurdusev M A. Comparative analysis of neural network techniques for predicting water consumption time series［J］. Journal of Hydrology, 2010, 384（1－2）: 46-51.

［31］Herrera M, b L s T, Izquierdo J n, et al. Predictive models for forecasting hourly urban water demand ［J］. Journal of Hydrology, 2010, 387（1）: 141-150.

［32］Nasseri M, Moeini A, Tabesh M. Forecasting monthly urban water demand using Extended Kalman Filter and Genetic Programming［J］. Expert Systems with Applications, 2011, 38（6）: 7387-7395.

［33］李铁映, 张昕. 预测决策方法［M］. 沈阳: 辽宁科学技术出版社, 1984.

［34］汪党献. 水资源需求分析理论与方法研究［D］. 北京: 中国水利水电科学研究院, 2002.

［35］Maidment D R, Miaou S P, Crawford M M. Transfer function models of daily urban water use［J］. Water Resources Research, 1985, 21（4）: 425-432.

［36］L. W. Mays. Water demand forecasting. hydrology system engineering and management. U. S. : McGraw-Hill, Inc. , 1992.

［37］Brekke L, Larsen M D, Ausburn M, et al. Suburban water demand modeling using stepwise regression ［J］. Journal American Water Works Association. 2002, 94（10）: 65-75.

［38］Samuelson. Economics. 8th ed. New York（NY）: McGraw Hill, Inc. , 1970.

［39］张灵, 陈晓宏, 刘丙军. 基于 AGA 的 SVM 需水量预测模型研究［J］. 水文, 2008, 28（1）: 38-42.

［40］刘友春, 张放, 姜尚坚. 南四湖流域洪水资源利用研究［J］. 水利水电工程设计, 2011, 30（3）:31-33.

［41］张志贵, 狄勇. 南四湖实行最严格水资源管理制度研究［J］. 水资源与水生态, 2013（12）:70-72.

［42］王艳. 南四湖水资源管理现状、问题及对策［C］. //首届中国湖泊论坛论文集. 南京:东南大学出版社, 2011.

［43］王强. 南四湖水资源规划与管理研究［D］. 南京:河海大学, 2006.

［44］孙兆富, 金晖. 南四湖水资源可持续利用研究［J］. 水利发展研究, 2009（9）:24-26.

［45］刘友春, 闫芳阶, 乔立峰. 提高南四湖上级湖正常蓄水位的可行性研究［J］. 中国农村水利水电, 2011（6）:10-13.

［46］纪伟, 滕红梅, 杜蓓. 徐州南四湖湖西地区污水处理厂尾水出路研究［J］. 水利科技与经济, 2013, 19（5）:15-17.

［47］吴鹏. 南四湖供用水管理机制的完善［J］. 中国环境管理干部学院学报,2012,22(3):42-45.

［48］倪红珍,李继峰,张春玲. 我国供水价格体系研究［J］. 中国水利,2014(6):27-30.

［49］Qinghua Zhang , Yanfang Diao, Jie Dong. Regional water demand prediction and analysis based on cobb – douglas model［J］. Water Resour Manage ,2013,27(8):3103-3113.